Kamaldin Zhumabayev

Melhorar a gestão dos recursos naturais nacionais

Kamaldin Zhumabayev

Melhorar a gestão dos recursos naturais nacionais

ScienciaScripts

Breve informação sobre o autor
Kamaldin Zhumabaev

Grau Científico - Candidato em Ciências Económicas, Professor;
Universidade - Universidade Tecnológica de Osh;
Interesses Científicos - Segurança em situações de emergência. Ecologia.

ÍNDICE DE CONTEÚDOS:

Introdução

O Quirguizistão encontra-se num processo de transição de um sistema de planeamento centralizado para uma economia de mercado. No entanto, a ineficiência da economia estatal e os métodos de gestão burocráticos impedem o funcionamento normal do mercado e não permitem o crescimento do bem-estar da população. Os cidadãos da República do Quirguizistão, sob o sistema de economia planificada, tinham emprego garantido e outras garantias sociais, mas o preço destas conquistas foi a baixa produtividade do trabalho, a descida do nível de vida e, não menos importante, a acentuada deterioração do ambiente em resultado da utilização irracional dos recursos naturais, da distorção do sistema de preços e de tecnologias obsoletas.

O objetivo a longo prazo do processo de transição, em nome do qual as reformas económicas estão a ser implementadas no Quirguizistão: criar uma economia de mercado próspera, que proporcione um aumento sustentável do nível de vida da população. O processo de transição implica uma mudança no próprio sistema - as reformas devem afetar as leis mais fundamentais da sociedade, transformar as instituições que determinam e orientam o seu comportamento. Por outras palavras, estamos a falar de transformações profundas, tanto económicas como sociais e ambientais.

Os êxitos da economia planificada não foram insignificantes. Na realidade, porém, o Estado-providência era muito menos estável porque a baixa eficiência inerente ao sistema de planeamento centralizado era insuperável. Os planeadores não dispunham de toda a informação que os preços contêm numa economia de mercado. O sucesso do planeamento passou a depender de relações e ligações pessoais. As consequências desta situação para o ambiente foram muito graves, catastróficas.

A transição para o mercado é um processo complexo de criação do novo, de erradicação do obsoleto e de adaptação do existente. As filas de espera já deram lugar ao mercado. A escassez foi substituída por uma escolha ilimitada.

O Quirguizistão foi um apêndice de matérias-primas durante o período soviético, tendo recebido a soberania, a República ganhou independência na utilização livre dos recursos naturais. A este respeito, a solução de muitos problemas ambientais tornou-se mais complicada, uma vez que não existem fundos suficientes para a proteção ambiental, a utilização racional dos recursos naturais e a melhoria da gestão destes processos.

Para isso, é preciso legislar, distribuir os direitos de propriedade e fazer com que uma parte significativa da riqueza nacional deixe de ser propriedade do Estado.

A liberalização dos preços e a expansão dos mercados, o aparecimento de novas empresas e os programas destinados a estabelecer ou manter preços estáveis são elementos centrais do processo de transição. Mas isto deve ter em conta as condições históricas e naturais, que têm um enorme impacto tanto na importância relativa das várias reformas de mercado como nas vias para a sua implementação.

A chave da reforma consiste em assegurar os benefícios potenciais da utilização dos recursos através da criação de um mercado livre. No entanto, em condições de desequilíbrio macroeconómico acentuado e de inflação elevada, os preços livres dos recursos naturais não poderão tornar-se sinais de mercado fiáveis. Por conseguinte, a liberalização dos preços dos recursos naturais só em combinação com a estabilização será capaz de assegurar um maior crescimento económico, tanto durante o período de transição como posteriormente. Esta é a primeira tarefa.

O segundo desafio consiste em desenvolver os direitos de propriedade e as estruturas de incentivo e em criar uma economia predominantemente privada. O papel das condições e dos recursos naturais também é importante neste domínio.

O terceiro objetivo, que é importante não só do ponto de vista económico e social, mas também ambiental, consiste em reduzir a pobreza e outros efeitos negativos do processo de transição em determinados grupos da população.

Além disso, dependendo das condições naturais de utilização racional dos recursos naturais e da natureza das reformas, o processo de transição pode ser acompanhado por uma redução da pobreza. Mas, ao mesmo tempo, a situação de muitos outros pode piorar em resultado de mudanças radicais no sistema económico. A resolução do problema das populações vulneráveis exige políticas sociais e medidas ambientais eficazes que promovam um crescimento económico sustentável.

A transição de uma economia planificada para uma economia de mercado exige uma revisão de todo o conceito de gestão.

Nas últimas décadas, o interesse global pelos problemas da gestão dos recursos naturais aumentou drasticamente. Tal deve-se ao papel crescente da proteção da natureza e da utilização racional dos recursos naturais no desenvolvimento económico dos países, no bem-estar material das pessoas e na garantia da sua saúde.

A este respeito, não só as consequências da violação das leis da natureza são amplamente investigadas à escala global, como também os benefícios da gestão ambiental são estudados com a necessária certeza. Naturalmente, o homem deve utilizar os recursos naturais no seu próprio interesse. No entanto, do ponto de vista da ciência económica, da sociologia e das ciências naturais, muitas questões de gestão da natureza exigem uma justificação científica.

A gestão dos recursos naturais reveste-se de especial interesse para o Quirguizistão. Esta gestão é especialmente necessária para os principais sectores da economia nacional - agricultura, minas, metalurgia não ferrosa e produção de energia hidroelétrica.

Devido ao colapso da URSS, a economia do Quirguizistão encontra-se numa crise profunda, verificando-se um declínio da produção em todos os sectores da economia nacional. Por conseguinte, a utilização racional dos recursos naturais para estabilizar a economia da república é extremamente importante.

A gravidade de muitos problemas de gestão do ambiente e da natureza na República e nas suas regiões tende a agravar-se devido à insuficiência de recursos financeiros e materiais, às alterações nas estruturas de consumo doméstico e industrial, à degradação dos solos e de outros recursos.

Simultaneamente, até há pouco tempo, as principais orientações e tarefas específicas da gestão dos recursos naturais não abordavam os problemas das relações de mercado e da liberdade de escoamento dos recursos na República, pelo que não houve desenvolvimentos relevantes na formação do mecanismo económico e jurídico da gestão da natureza, não só a nível regional, mas também na República como um todo.

As peculiaridades regionais da gestão dos recursos naturais não foram suficientemente identificadas, pelo que se considera extremamente importante a questão do desenvolvimento de um conceito científico geral de gestão dos recursos naturais, com base no qual o processo de interação entre a sociedade e a natureza possa ser levado a cabo de forma consciente, intencional e com resultados óptimos.

A essência da gestão dos recursos naturais é assegurar a preservação, a recuperação e, quando necessário, a melhoria das condições naturais favoráveis à vida humana, ao desenvolvimento da produção e da cultura, através de uma regulação cientificamente fundamentada do impacto da sociedade na natureza. Neste contexto, devem ser desenvolvidos os mecanismos económicos e jurídicos de proteção do ambiente. Esta questão, nas condições de transição para as relações de mercado, deve figurar entre os problemas mais urgentes e mais importantes do desenvolvimento económico e social.

CAPÍTULO 1

Bases metodológicas para melhorar a gestão dos recursos naturais nacionais

1. Conteúdo e essência da melhoria da gestão dos recursos naturais nacionais

Os problemas da utilização dos recursos naturais assumem atualmente uma importância especial e tornaram-se objeto de uma investigação aprofundada. O facto é que, em qualquer formação socioeconómica, a interação da sociedade com a natureza é acompanhada, por um lado, pela utilização humana direta da matéria natural e, por outro, por medidas de proteção ambiental. Atualmente, as medidas de proteção ambiental são especialmente necessárias, uma vez que muitos cientistas e especialistas consideram que os problemas ambientais na República se tornaram extremamente graves. Em particular, nos últimos 20 anos foram adoptados dezenas dos decretos mais decisivos em matéria de proteção ambiental. E nenhuma destas resoluções foi cumprida. Não é só a natureza que continua a perecer. Milhões de pessoas estão a morrer e a perder a saúde.

Esta situação é mais frequentemente explicada pelo facto de as medidas de proteção ambiental estarem sujeitas a restrições orçamentais rigorosas, de não existirem projectos fiáveis e eficazes, de não existirem especialistas competentes capazes de resolver problemas ambientais complexos, etc., ou seja, é mais frequentemente explicada pela atitude das pessoas em relação à natureza. Até mesmo o filósofo russo N.A. Berdyaev assinalou o papel de destaque do homem nas medidas de proteção ambiental: "A base do progresso histórico reside na relação do espírito humano com a natureza e no destino do espírito humano nestas interações com a natureza.[1]

Os problemas de gestão da natureza tornaram-se mais relevantes desde que a República do Quirguistão se tornou independente e optou por uma via democrática de desenvolvimento, uma vez que as medidas de proteção do ambiente, a conservação e a utilização racional dos recursos naturais estão a tornar-se importantes para o desenvolvimento económico. Isto, por sua vez, exige uma clarificação do conteúdo e da essência da gestão dos recursos naturais, que, nas novas condições, são necessários para assegurar as reformas económicas. Sabe-se que a natureza, em sentido lato, é todo o ser, todo o mundo na diversidade das suas formas.[2] A natureza é uma realidade objetiva que existe fora e independentemente da consciência humana. Não tem princípio nem fim, mas é infinita no tempo e no espaço, está em constante movimento e mudança.[3]

A sociedade humana na natureza é a sua parte constituinte. Por outras palavras,

---

[1] Berdyaev N. Entrada da máquina, "A Natureza e o Homem", n.º 8, 1989, p . 64.
[2] Lemeshev M. Economia e ecologia: o conflito fatal e as formas da sua resolução. Voprosy ekonomiki. № 11, 1990 г., 71.
[3] Dicionário filosófico. Editado por Rosenthal M.M., M., Politizdat, 1975, pp. 329.

o homem é um organismo biológico da natureza, um ser vivo com pensamento, capacidade de criar e utilizar instrumentos de trabalho. Como fator biológico, caracteriza-se por: metabolismo, excitabilidade, crescimento, desenvolvimento e reprodução. Ocupa um lugar especial na natureza.

Se o homem é colocado no centro da natureza, então forma-se um ambiente à sua volta. Ou o ambiente é o ambiente da habitação humana e das actividades de produção. É composto pelo ambiente natural e pela sociosfera.

O ambiente natural é um conjunto de factores abóticos e bióticos, naturais e alterados em resultado das actividades da sociedade humana, que têm um impacto sobre os seres humanos e outros organismos. Distingue-se de outros componentes do ambiente pela propriedade de auto-manutenção e autorregulação sem intervenção humana corretiva.[4]

Por conseguinte, o estado de gestão da natureza depende em grande medida da ação humana, um processo intencional de gestão dos recursos naturais, incluindo por parte do público em geral. É de notar, no entanto, que na Terra as reservas de recursos naturais são limitadas. Isto, por sua vez, levanta o problema da utilização racional dos recursos e da preservação das propriedades protectoras da natureza. Por conseguinte, não é por acaso que o conceito de proteção do local onde vivemos e habitamos, ou seja, a proteção do ambiente, foi introduzido no volume de negócios científico no século passado. Esta ciência chama-se ecologia, que foi introduzida pela primeira vez pelo biólogo alemão Ernst Haeckel em 1868.[5]

Na sua forma moderna, a ecologia abrange uma gama extremamente vasta de questões e está intimamente ligada a várias ciências conexas, como a biologia, a geologia, a astronomia, a física, a química, a genética, a filosofia, a geografia, a demografia, a medicina, a sociologia, o direito, a vigilância, a gestão da qualidade ambiental, etc.
A ecologia tem um impacto profundo em todos os aspectos da vida social, no progresso económico e técnico e na gestão das instituições públicas. Por conseguinte, as questões do seu financiamento, previsão, organização e eficácia ocupam um dos lugares centrais da política do Estado. Neste contexto, começaram a desenvolver-se estudos sobre a organização da gestão da economia da proteção do ambiente. Os resultados encontram ampla aplicação para além das fronteiras da ciência na resolução de muitos problemas económicos e sociais.

Os problemas ambientais exigem a resolução de tarefas complexas de engenharia no domínio da gestão da natureza, da proteção e do controlo da poluição do ambiente natural. Estes problemas representam um sistema de medidas sociais,

---

[4] Dicionário enciclopédico de termos de geografia física em 4 línguas. Editado por Spiridonov A.I., Moscovo, Enciclopédia Soviética, 1980, p. 300.
[5] Markovich D.J. Ecologia social. M., Prosveshchenie, 1991, p. 5

técnicas, sanitárias e higiénicas destinadas a garantir condições de vida e de trabalho seguras e saudáveis para os seres humanos.

Outra tarefa ecológica importante é a atitude cuidadosa em relação aos recursos naturais, uma vez que o homem, no processo das suas actividades de vida, extrai cada vez mais massas de recursos naturais do ambiente natural para criar mais produtos. Ao mesmo tempo, muitas vezes as leis e normas económicas não são respeitadas.

Como resultado das consequências negativas de tais actividades, a sociedade está agora a experimentar uma escassez significativa na utilização de muitos recursos naturais tradicionais. Como resultado das consequências negativas de tais actividades, a sociedade está agora a experimentar uma falta significativa de utilização de muitos recursos naturais tradicionais.

Atualmente, é impossível calcular os danos causados pela utilização incorrecta dos recursos naturais e pela degradação do ambiente. Daí a necessidade de medir a utilização dos recursos, bem como de conhecer a sua capacidade de gestão. A racionalidade da utilização dos recursos para a sociedade, com a sua crescente escassez, deve consistir em obter a maior quantidade de valores de uso a partir da massa de matérias-primas disponíveis em circulação no processo das actividades de produção.

A essência da gestão dos recursos naturais consiste em assegurar, através de uma regulação cientificamente fundamentada do impacto da sociedade na natureza, a preservação, a recuperação e, se necessário, a melhoria das condições naturais favoráveis à vida humana, à produção e ao desenvolvimento cultural. Nas condições de transição para as relações de mercado, esta questão deve figurar entre os problemas mais urgentes e mais importantes do desenvolvimento económico e social. Além disso, nas novas condições, deve ser desenvolvido um mecanismo económico para regular a gestão da natureza.

O núcleo do processo de gestão da natureza é a utilização de recursos, incluindo a utilização de recursos e produtos minerais. A utilização dos recursos naturais deve representar um subsistema único, em certa medida actuando de acordo com os seus princípios e regras específicos, um subsistema independente na atividade económica da sociedade.

Um dos princípios mais amplamente promovidos e justificados atualmente na gestão da natureza é o princípio de tecnologias e produções "sem resíduos". Mas, apesar da sua eficácia em muitos casos, este princípio não pode ser implementado em centenas de empresas operacionais devido às peculiaridades dos processos, ao espaço limitado e às deficiências organizacionais e económicas. A solução dos problemas de recursos e ambientais reside na racionalização da utilização dos recursos através da construção e implementação de programas regionais integrados, que devem ser utilizados para modernizar as tecnologias e equipamentos existentes, a substituição máxima de matérias-primas primárias por resíduos e afins.

A este respeito, coloca-se uma questão bastante específica: a introdução de relações de mercado, não a concentração da produção, mas, pelo contrário, a sua desagregação, o aparecimento de cada vez mais pequenas formas de produção industrial, de pequenos camponeses e de agricultores não estarão em contradição com a solução dos problemas de utilização racional dos recursos naturais?

Na nossa opinião, não são contraditórios. Em condições de mercado, a reconstrução da produção, incluindo a sua desagregação, deve ser realizada com base em tecnologia progressiva, instalação de novos equipamentos, máquinas e unidades, a fim de, por um lado, manter a competitividade e, por outro, assegurar efeitos económicos, ambientais e sociais. Simultaneamente, sempre que se organiza uma nova produção, é estabelecida a tarefa de limpar efluentes, gases, resíduos, emissões nocivas, etc. De modo a que seja descarregada uma quantidade mínima de massa material neutra para o ambiente natural.

Consequentemente, a essência de qualquer produção nova e modernizada existente não deve ser a de limpar e recolher o que foi libertado e descartado anteriormente, mas sim a de evitar a formação de tais substâncias que mais tarde exigiriam recolha e purificação. Nesta perspetiva, o critério de seleção de novas técnicas e tecnologias a todos os níveis não deve ser o efeito económico imediato em si mesmo, mas o efeito ambiental, que tem em conta todas as consequências sociais da utilização incompleta dos recursos. A este respeito, em primeiro lugar, a utilização dos recursos materiais desempenha um papel importante. Por conseguinte, no processo de transição para uma economia de mercado, as matérias-primas e os recursos materiais constituem o núcleo da gestão da natureza, que, por sua vez, deve basear-se na utilização das melhores práticas e na aplicação na prática da organização da produção, nos requisitos socioeconómicos e regulamentares, na interação da produção com o ambiente. Ao desenvolver tais projectos, os objectivos são definidos para maximizar a qualidade e o volume de produção com a máxima poupança de vida e de trabalho incorporado, mantendo a neutralidade da tecnologia e de todo o complexo de produção para o ambiente. Tais projectos de empresas devem ser desenvolvidos para cada direção típica de produção e tecnologia. Além disso, é realizada a avaliação paramétrica das caraterísticas económicas do projeto como um todo e pelos seus elementos. A este respeito, as principais direcções da gestão da natureza devem ser:

- minimização da intensidade de materiais e recursos, racionalização da estrutura de consumo de materiais e recursos na esfera da produção;

- intercâmbio progressivo de materiais;

- organização qualitativa das reparações de capital e correntes das máquinas e equipamentos;

- melhoria sistemática da embalagem e preservação de bens, estruturas, materiais, contentores, bem como proteção abrangente de metais contra a corrosão;

- Melhoria técnica e organizacional do sistema de transporte de cargas com aceleração da sua quilometragem, redução ao mínimo do contra-transporte, perdas de massa e comercialização de matérias-primas e recursos, etc.

O complexo de construção desempenha um papel importante na gestão da natureza. As capacidades atrasadas, o desequilíbrio do complexo de construção, bem como uma redução acentuada do seu trabalho no período pós-soviético, têm um impacto negativo na racionalidade da gestão da natureza através de muitos canais: extração primitiva de materiais de construção; desenvolvimento não sincronizado de ligações de complexos de produção; subfornecimento de várias comunicações, incluindo estradas e instalações de infra-estruturas, etc.

Um elemento importante da gestão dos recursos naturais é a utilização racional e eficaz dos recursos na agrosfera. A literatura fornece vários dados sobre o papel da produção agroindustrial na perturbação do equilíbrio ecológico. Mas, como mostram os estudos, eles são aproximadamente os mesmos para quatro indicadores: as empresas agro-industriais poluem as terras agrícolas em 70%, os solos em 60%, os recursos hídricos em 40% e o ar atmosférico em 35-38%. Isto deve-se ao facto de a intensificação da produção agrícola em todo o mundo, incluindo a nossa república, se ter baseado em sistemas técnicos e tecnológicos intensivos em energia. A prática tem demonstrado que um maior crescimento dos custos de energia não dá o efeito esperado. Assim, se antes, com o método extensivo de produção agrícola, era possível obter 20-50 k/cal de alimentos por cada caloria gasta de energia insubstituível, com as tecnologias modernas de energia intensiva - apenas 2, ou seja, 10-25 vezes menos. Consequentemente, a utilização ativa de meios e objectos de trabalho por unidade de área encontrou resistência ecológica, uma certa barreira ecológica. Estes factores devem ser tidos em conta no desenvolvimento de soluções tecnológicas fundamentalmente novas para aumentar a produção de recursos alimentares.

Em condições de ampla aplicação na agricultura de fertilizantes, herbicidas, pesticidas e bioestimulantes, surgem relações qualitativamente novas no sistema "planta-ambiente", pelo que o grau de risco de perturbação do equilíbrio ecológico das agrobiocenoses aumenta significativamente.

Estas e outras consequências negativas da gestão da natureza colocam uma série de tarefas na ordem do dia. Uma delas está relacionada com o restabelecimento da fertilidade do solo com base na utilização de fertilizantes orgânicos, na aplicação de tecnologias de poupança de energia e de proteção do solo no cultivo do solo em combinação com variedades e híbridos ecologicamente sustentáveis de culturas agrícolas. As medidas ecológicas na agricultura incluem não só a proteção do solo, mas também a proteção dos recursos hídricos, ou seja, a poupança de água nas redes de irrigação e na irrigação.

A tarefa seguinte é a proteção eficaz das plantas, respeitadora do ambiente, através da utilização de meios biológicos não tóxicos, de substâncias rapidamente degradáveis a inofensivas. A prática mostra que a utilização de adubos orgânicos para enriquecimento do solo promove a formação de húmus, melhora a estrutura mecânica do solo, equilibra os processos físico-químicos e microbiológicos, normaliza a capacidade de absorção de substâncias minerais, evita a acidez e a salinização dos solos, mantém um equilíbrio normal de dióxido de carbono e tem um efeito benéfico no fornecimento ininterrupto do processo de fotossíntese das culturas agrícolas.

A introdução de tecnologias que não produzem resíduos na transformação permite obter resultados muito positivos em termos de ecologia. Assim, a introdução de instalações de produção para a produção de álcool bruto a partir de bagaço de uva e de lamas de levedura da indústria do vinho e dos sumos, de melaço a partir de resíduos de açúcar de beterraba, de ácido cítrico a partir de resíduos de bagaço de uva, de óleo de uva a partir de grainhas de uva, de farinha de ração a partir de resíduos da produção de carne, etc., dá bons resultados.

A introdução generalizada de tecnologias de baixo desperdício e desperdício zero no complexo agroindustrial não só aumenta o volume de recursos úteis, como também afecta diretamente a restauração do equilíbrio ecológico e o aumento da intensidade da utilização económica dos recursos naturais.

Tudo isto contribui para clarificar o conteúdo e a essência da gestão dos recursos naturais e para aumentar o seu nível nesta base. Evidentemente, o processo de gestão da natureza tem uma continuação para além da produção material, nomeadamente: na racionalização do consumo e da utilização de produtos na esfera da não-produção, na esfera da circulação de mercadorias e do serviço com base em normas cientificamente fundamentadas; na esfera das vendas por grosso, do armazenamento de produtos, do comércio a retalho, incluindo, por exemplo, o sistema de preços com preços de retalho móveis para produtos agrícolas no período da sua colheita em massa, etc.

É possível delinear uma série de outras direcções diversas para melhorar a eficiência da gestão ambiental. No entanto, se considerarmos três esferas em unidade: recursos naturais, condições naturais, economia, então as principais direcções de racionalização da utilização da natureza e de melhoria da gestão devem ser consideradas da seguinte forma: utilização abrangente e plena dos recursos naturais primários com minimização das perdas e resíduos tecnológicos; mobilização e utilização máximas dos resíduos industriais e de consumo final.

A organização das medidas de proteção do ambiente deve basear-se no conhecimento das leis da natureza e na aplicação profundamente científica das leis do desenvolvimento na sociedade. Com base nestes factores, a sociedade será capaz de gerir inteligentemente os processos naturais e criar mecanismos especiais para orientar o desenvolvimento da biosfera na direção necessária para os seres humanos.

Trata-se do conteúdo da proteção do ambiente, a fim de assegurar o controlo do estado do ambiente e das fontes da sua poluição com base na utilização das mais recentes realizações e meios científicos e técnicos, de introduzir novos métodos e sistemas eficazes para o desenvolvimento de novos depósitos minerais, de combater as emissões nocivas de substâncias para a atmosfera, os ruídos industriais, de transporte e outros, as vibrações, os campos eléctricos e magnéticos e as radiações, de aplicar medidas para a utilização e a proteção integradas e racionais do ambiente e de proteger o ambiente e o ambiente.

Outro aspeto do problema em análise é o facto de a gestão da natureza ter um carácter territorial pronunciado, uma vez que tarefas económicas e sociais tão importantes como a utilização racional dos recursos naturais, das matérias-primas, dos materiais, dos resíduos e, finalmente, a manutenção da qualidade ambiental, ou seja, as medidas de proteção do ambiente, são consideradas e resolvidas, em regra, no interior das regiões.

2. lugar e papel da gestão dos recursos naturais no sistema da economia nacional

O processo de gestão da natureza é uma parte da problemática ambiental, que consiste na proteção do ambiente, na utilização racional dos recursos naturais e na identificação das fontes, determinação dos tipos e extensão da poluição ambiental, com o objetivo de manter a produtividade da saúde, a estética e outras dignidades da natureza no interesse da humanidade.

Esta particularidade da gestão da natureza deve ser utilizada para determinar o seu lugar no sistema de gestão da economia nacional. Em primeiro lugar, ao mudar a natureza no processo de transformação dos sistemas ecológicos existentes e de criação de novos sistemas ecológicos artificiais, o próprio homem sofre certas mudanças, mas o processo da sua evolução é muito lento. Nos últimos milénios, o organismo humano não sofreu praticamente nenhuma alteração genética. A vida humana continua a necessitar de ar, água e alimentos de origem animal e vegetal, que pertencem aos recursos biológicos da Terra. Estes incluem o chamado "habitat" - uma parte da superfície da Terra com condições favoráveis aos seres humanos.

Para satisfazer as necessidades sociais e domésticas da sociedade humana moderna, é consumida uma grande variedade de substâncias que são componentes das camadas superiores da litosfera, os recursos minerais da Terra. A produção de energia, cujo consumo é extremamente elevado atualmente, também se baseia no consumo dos recursos energéticos da Terra.

Assim, os recursos biológicos do planeta determinam a possibilidade de vida humana na Terra, e os recursos minerais e energéticos são as principais fontes de produção material da sociedade humana. A escassez de recursos biológicos da Terra agrava um dos problemas importantes da ecologia - a fome. As raízes económicas deste problema são a falta de alimentos, a desnutrição crónica, a diminuição da imunidade às doenças, a falta de proteínas e vitaminas, ou seja, todas estas manifestações decorrem de problemas de abastecimento alimentar.

Em segundo lugar, o homem retira das entranhas da natureza dezenas de vezes mais do que o necessário para satisfazer as suas necessidades imediatas, agravando cada vez mais a escassez de recursos minerais. Segundo N.F. Reimers, se tivermos em conta que todos os países atingirão o nível dos EUA em termos de procura, então será necessário aumentar a produção de eletricidade 6 vezes, de ferro 75 vezes, de cobre 100 vezes, de chumbo 200 vezes, de estanho 250 vezes, etc.

Naturalmente, esse aumento não é realista, uma vez que esses minerais simplesmente não existem na Terra em tais quantidades. Isto ameaça a eterna desigualdade económica de regiões, países e povos. A escassez de recursos naturais gera uma escassez de matérias-primas necessárias para a produção, bem como para a economia no seu todo. A eficácia da resolução das tarefas sociais, económicas e técnicas, bem como das transformações antropogénicas da natureza, é largamente determinada pela produção de energia e pela escala dos recursos energéticos. O ritmo do desenvolvimento económico está diretamente dependente do estado do sector energético. Este tem um impacto muito significativo no ambiente natural, sendo uma fonte de vários tipos de poluição da água, do ar, da superfície terrestre e do seu subsolo, bem como o principal consumidor de combustível mineral, determinando o nível da sua extração.

Por conseguinte, é evidente que, na gestão da economia nacional, é necessário, antes de mais, ter em conta as necessidades humanas, que podem ser satisfeitas através da utilização dos recursos naturais.

Ao mesmo tempo, no processo de gestão da economia nacional, é necessário ter em conta não só a quantidade de matérias-primas e recursos extraídos do subsolo, mas também as consequências da sua posterior utilização na vida humana. Um exemplo típico é a energia da chamada "combustão interna" de combustíveis líquidos, que, por exemplo, impulsiona um veículo. A produção de energia leva ao consumo de quantidades cada vez maiores de combustíveis e recursos energéticos (FER) e à poluição da biosfera. A produção de energia associada à combustão de qualquer tipo de combustível resulta numa "poluição térmica" do ambiente natural. Sabe-se que a poluição em ecologia é entendida como uma alteração desfavorável do ambiente, que resulta total ou parcialmente da atividade humana, alterando direta ou indiretamente a distribuição da energia recebida, o nível de radiação, as propriedades físicas e químicas do ambiente e as condições de existência dos organismos vivos. É evidente que estas alterações podem afetar diretamente os seres humanos através do ar e dos alimentos. Podem também afetar os seres humanos através da deterioração das propriedades das coisas que utilizam, das condições de repouso e de trabalho.

Qualquer impacto negativo sobre os seres humanos através da destruição dos ecossistemas, da poluição da biosfera, etc., exige uma gestão cuidadosa e ponderada.

Sem dúvida, a melhoria da gestão dos recursos naturais exige o desenvolvimento e a aplicação de medidas económicas, de gestão e legislativas agregadas que visem uma organização mais adequada do processo de produção, alcançando a maior produtividade do trabalho ao menor custo dos recursos monetários, técnicos, materiais e naturais.

Assim, uma gestão racional e mais parcimoniosa da natureza cumpre simultaneamente duas funções inter-relacionadas. Por um lado, satisfaz as necessidades humanas, uma vez que os recursos naturais constituem a base material para o desenvolvimento da produção social e cumprem uma função económica. Por outro lado, ao contrário de outros meios de produção, que são a encarnação do trabalho, formam o ambiente natural e, por conseguinte, desempenham uma função exclusivamente ecológica.[1]

Assim, é claro que a base da gestão dos recursos naturais deve ser a utilização racional e integrada, bem como as acções das pessoas, que incluem a recuperação e a multiplicação dos recursos naturais e a criação de áreas protegidas através da retirada de determinadas áreas da natureza da exploração, com o cumprimento obrigatório dos processos básicos de transformação da natureza com base científica.

A gestão racional da natureza na organização da produção, no sentido lato do termo, deu origem ao conceito de "economia da gestão da natureza". A economia da utilização da natureza abrange todos os aspectos do consumo da natureza, desde as questões de esgotamento dos recursos, até à produção do produto final e à utilização de vários tipos de resíduos e recursos secundários.

Ao mesmo tempo, é de notar que, atualmente, não existem critérios claros para a presença de problemas ambientais na gestão da economia nacional, tanto a nível nacional como a nível das ligações primárias. Em primeiro lugar, trata-se de actividades de proteção do ambiente, que não são equilibradas aos níveis acima referidos, quanto mais não seja porque a massa de resíduos na produção e no consumo final nem sempre é tida em conta. Isto exprime-se, em particular, no facto de, na prática real, a escala e a organização da utilização integrada das matérias-primas e a participação dos resíduos em circulação não corresponderem à situação atual e, além disso, à situação prospetiva. O nível de utilização da massa de recursos naturais primários e de resíduos da produção e do consumo final em muitos sectores da economia nacional da República fica aquém do nível alcançado nesta esfera em alguns países estrangeiros.

Os mecanismos económicos, o sistema de gestão da produção, a organização das explorações agrícolas, os métodos de contabilidade, de análise, de avaliação da eficácia, de fixação dos preços, não orientam e estimulam suficientemente o processo económico para a racionalização da utilização dos recursos dos factores de produção, a extensificação, a mobilização e a intensificação da utilização dos resíduos industriais e de consumo final.

No período de transição, quando as relações de mercado são introduzidas na república, muitas vezes as decisões de gestão são aplicadas sem ideologia ecológica. As explorações colectivas socialistas anteriormente existentes - kolkhozes e sovkhozes - estão a ser transformadas em pequenas explorações e explorações camponesas. Surgiram numerosas pequenas e médias empresas que se dedicam à extração e transformação de recursos naturais. Isto criou um caos económico, em primeiro lugar, ao complicar a tecnologia dos processos de produção, a organização do controlo e as medidas preventivas. Em segundo lugar, se tomarmos como exemplo o complexo agroindustrial, a tecnologia de armazenamento, transformação e conservação dos produtos agrícolas não é observada. Este facto leva a uma diminuição da qualidade dos produtos. São frequentes os casos de envenenamento. Uma certa parte destes bens e recursos é deitada ao lixo devido à sua deterioração e inadequação. Em terceiro lugar, os planos empresariais não prevêem medidas de proteção ambiental, e as autoridades estatais de gestão da natureza não as conseguem implementar devido à falta de um mecanismo de controlo. Em quarto lugar, devido ao facto de a produção, que anteriormente funcionava com matérias-primas importadas, devido à falta de matérias-primas locais e de tecnologia adequada para a transformação dos recursos naturais disponíveis, ter começado a utilizar os recursos disponíveis utilizando tecnologia primitiva, violando as normas ambientais.

A falta de combustível e de recursos energéticos nas cidades e povoações levou à destruição das árvores ornamentais, que cumpriam simultaneamente uma função residencial.

No período pós-soviético, os problemas de utilização dos recursos naturais na República tornaram-se mais agudos, exigindo um montante considerável de recursos financeiros. [1]A economia quirguize está a passar por sérias dificuldades devido à perda de mercados garantidos na antiga União Soviética e aos subsídios orçamentais do centro (que ascendiam a cerca de 11% do PIB antes da independência).

A utilização dos recursos hídricos sempre constituiu um problema para a República do Quirguizistão, que se encontram frequentemente em risco, são afectados de forma ineficaz e não estão suficientemente protegidos contra os poluentes químicos e biológicos. Os problemas de transição incluem também a deterioração anual dos recursos terrestres. A degradação das terras (sob a forma de erosão e compactação dos solos) e a desflorestação conduziram durante muito tempo a uma redução do rendimento de todas as terras cultivadas.

Uma parte significativa da economia do Quirguizistão, tanto antes como atualmente, depende da gestão adequada dos seus recursos minerais insubstituíveis. Os recursos minerais do país, que no passado foram objeto de grandes expectativas (como o mercúrio e o urânio), não encontram atualmente grandes mercados, o que agrava o problema do financiamento das medidas de proteção ambiental a partir dos seus próprios recursos.

A este respeito, a fim de melhorar a gestão dos recursos naturais no desenvolvimento da estratégia de desenvolvimento económico e social da República do Quirguizistão no futuro, é necessário apresentar requisitos que garantam a concentração de recursos para a execução dos programas nacionais mais importantes, com a sua utilização racional, o reforço do regime económico e a eliminação das perdas na economia nacional. Além disso, a fim de assegurar um progresso dinâmico na estrutura da economia nacional e uma melhoria contínua da eficiência de toda a produção social, é necessário estabelecer, entre as condições de base, os requisitos para uma correta definição das prioridades do desenvolvimento dos sectores e territórios.

Parece que, no domínio da utilização dos recursos, a definição de prioridades assume uma importância excecional. Este fator afecta de forma notória a eficiência do funcionamento não só das indústrias relevantes, mas também de toda a economia. Por conseguinte, para melhorar a sua eficiência, é necessário efetuar previsões a nível empresarial, regional e nacional:

- a produção e a utilização dos resíduos da produção social em pé de igualdade com os recursos primários e, para as empresas, em pé de igualdade com as principais funções e resultados da produção;

- recomendar às indústrias e produções separadas o consumo de recursos primários apenas depois de esgotadas as possibilidades de utilização economicamente viável e ecologicamente necessária dos resíduos da produção pública, de acordo com os resultados da investigação;

Além disso, nas condições de transição para as relações de mercado com o objetivo de uma gestão racional da natureza, devem ser previstas medidas que permitam a conceção ambiental. Sabe-se que a atividade de uma empresa começa com um projeto. De acordo com o projeto, há mudanças coordenadas na construção, reconstrução, reequipamento técnico, desenvolvimento de novos produtos, etc.

Na fase de conceção, é necessário ter em conta as condições ambientais e os regulamentos que afectam os processos tecnológicos e o estado do ambiente. De particular importância são as normas de conceção tecnológica, através das quais os processos tecnológicos que poupam recursos podem ser introduzidos na prática. Na medida do possível, é necessário desenvolver um quadro regulamentar no domínio da proteção da saúde pública, sob a forma de normas sanitárias. A lista de normas de higiene, concentrações máximas admissíveis (MPC) de poluentes na atmosfera, ar da zona de trabalho, massas de água para vários fins, solos, subsolo, deve ser aprovada pelo Ministério da Saúde da República do Quirguizistão. Este princípio sanitário e higiénico de formação de normas ainda não foi considerado pelas autoridades competentes da República. Por conseguinte, muitos projectos não são capazes de garantir a proteção de objectos da vida selvagem, e neles são observadas violações ambientais significativas. As normas MPC estão mal coordenadas entre si. A aprovação de normas para novas substâncias químicas é um processo bastante longo. Como resultado, um número crescente de substâncias nocivas entra em circulação sem que existam normas máximas para o seu teor em diferentes ambientes. Apesar das suas deficiências, o MAC é o único critério ambiental aplicado na prática da conceção. É claramente insuficiente. O racionamento ambiental deve ser alargado e as questões devem ser remetidas para uma secção independente do projeto.

Para garantir um ambiente favorável às pessoas, aos animais e à flora, o controlo do seu estado através de peritagem ambiental, que é uma avaliação do impacto no ambiente ou peritagem ambiental de projectos de desenvolvimento económico, é de grande importância. Naturalmente, esta peritagem não se limita apenas à consideração de uma ou outra instalação de produção (económica) ou à aprovação de uma ou outra norma. É importante considerar os objectos relacionados com a unidade de produção, ou a implementação passo a passo da expansão da composição de normas e padrões, o desenvolvimento de problemas metodológicos de normalização, a melhoria da organização da tecnologia de preparação de normas e padrões.

Ao mesmo tempo, as empresas, que são poluidoras do ambiente, não estão interessadas no desenvolvimento de actividades de proteção do ambiente: na construção de novas instalações, na melhoria e na utilização máxima das instalações de tratamento existentes, no seu funcionamento rítmico, uma vez que os custos (eletricidade, mão de obra, etc.) deste tipo de atividade recaem sobre o custo de produção. A este respeito, há factos de desligamento dos equipamentos de depuração (em particular, os precipitadores electrostáticos) para economizar eletricidade, o que incentiva financeiramente o pessoal das empresas. A limpeza é como se fosse uma carga excessiva na produção, não é planeada e não é estimulada, pelo que as empresas à custa dela obtêm uma reserva para poupança geral e incentivos materiais para outras áreas de produção. Assim, ao aplicar o princípio da minimização de custos em relação às medidas de proteção ambiental. Para um determinado objeto económico, não são tidas em conta nem as perdas económicas actuais nem as perdas económicas futuras resultantes da utilização irracional dos recursos e da poluição ambiental.

Os resíduos são classificados em industriais, domésticos e agrícolas, tóxicos e não tóxicos.

A eliminação dos resíduos de produção e de consumo é efectuada em:

- aterros para resíduos sólidos domésticos, onde alguns tipos sólidos de resíduos industriais inertes podem ser eliminados de acordo com o procedimento estabelecido.

A contabilização regular e sistemática destes aspectos em todas as empresas e explorações agrícolas torna-se absolutamente necessária no contexto da introdução de novos métodos de avaliação da eficiência económica dos investimentos e dos custos das medidas de proteção ambiental, bem como da transição para as relações de mercado.

No processo de gestão da economia nacional, é definitivamente necessário prever um conjunto de medidas para a utilização racional dos recursos naturais na secção dos recursos, ou seja, para cada tipo funcional de recursos naturais (água, bacias aéreas, florestas, recursos minerais). Na nossa opinião, este subsistema deveria incluir também os recursos naturais vegetais (forrageiros, alimentares, medicinais), cinegéticos e piscícolas propriamente ditos e a sua utilização racional.

A importância da natureza regional da gestão ambiental também deve ser notada, uma vez que o funcionamento ótimo da economia no futuro será determinado, em grande medida, pelo nível de racionalidade da utilização dos recursos no contexto territorial.

A gestão dos recursos naturais é inconcebível sem uma avaliação económica. O aspeto económico das medidas de proteção ambiental consiste na escolha racional da tecnologia do processo de produção e dos meios técnicos que garantem a aplicação das medidas de proteção ambiental necessárias ao menor custo económico.

De um ponto de vista económico, a preservação, recuperação e transformação do ambiente humano na direção necessária para assegurar a vida e as necessidades da humanidade requerem a criação e a melhoria de forças produtivas adequadas para gerir a interação humana com o ambiente natural.

O aspeto económico da gestão da natureza baseia-se no potencial económico, ou seja, na capacidade agregada dos ramos da economia nacional para produzir produtos industriais e agrícolas, realizar a construção de capital, transportar cargas e prestar serviços à população num determinado momento histórico.[2]

Os recursos naturais, que contribuem para a multiplicação da riqueza nacional, exigem também uma atitude cuidadosa em relação a eles. Naturalmente, a utilização dos recursos tem um carácter territorial pronunciado. Por isso, podemos também falar aqui da utilização dos recursos no desenvolvimento regional. A utilização dos recursos naturais deve ser, em geral, tal que contribua para a redução dos custos e o aumento do lucro na produção social. É necessário utilizar as matérias-primas e a energia disponíveis da forma mais eficiente possível.

As matérias-primas mais comuns são os recursos minerais. Menos comuns são as matérias-primas orgânicas - substâncias que contêm na sua composição hidrocarbonetos ou hidratos de carbono, os seus compostos de produção. Todos estes tipos de matérias-primas são utilizados após a devida

Os métodos especiais foram desenvolvidos para melhorar os materiais relacionados com as leis sociais, a economia, a arquitetura, etc. Foram desenvolvidos métodos especiais para melhorar os materiais relacionados com as leis sociais, a economia, a arquitetura, etc., bem como para melhorar os materiais.

O Quirguizistão possui reservas significativas de matérias-primas naturais. Por exemplo, existem depósitos de calcário, gesso, coquina, areias de quartzo, tijolo e argilas refractárias, cascalho, granito, etc. para a produção de materiais de construção.

Como já foi referido, a utilização de resíduos é extremamente importante no desenvolvimento de medidas de gestão dos recursos naturais. A prática tem demonstrado que uma grande quantidade de vários resíduos industriais, incluindo aqueles com propriedades para substituir total ou parcialmente e enobrecer matérias-primas naturais, se acumulam anualmente no território da República.

A análise mostra que os resíduos industriais gerados nas empresas da República não são totalmente aproveitados. Os resíduos que contêm combustível, que são frequentemente atirados para lixeiras, requerem a maior atenção. Estes incluem os resíduos da extração e preparação de carvão e as cinzas das centrais térmicas. Assim, por exemplo, os resíduos da extração de carvão das jazidas de "Almalyk", "Tash-Kumyr", "Kyzyl-Kiya" e "Kok-Yangak" podem ser utilizados como aditivo de permuta de combustível na produção de bolo de sinterização, argila expandida, tijolos e tubos de drenagem. Rochas carbonizadas de escombreiras como agregados leves, grossos e finos na produção de betão.

Recomenda-se a utilização das cinzas das centrais nucleares de Bishkek e Osh como aditivo mineral ativo no fabrico de cimento e aglutinantes mistos, bem como como agregado para betão pesado e ligeiro.

As rochas das empresas mineiras são utilizadas de forma expedita para a construção de estradas e estruturas hidráulicas.

As escórias de fundição das fábricas metalúrgicas de Kadamjai e Hai-darkan podem ser utilizadas para fabricar agregados de ligantes locais, materiais de autoclave e escórias metálicas.

As empresas metalúrgicas e de construção de máquinas da República geraram cerca de 100 mil toneladas de resíduos de fundição - "terra queimada", que é uma boa matéria-prima para a produção de materiais de acabamento.

Os caules de algodão, as aparas de ramos de frutos e de videiras, bem como os resíduos das indústrias têxtil e de transformação da madeira são adequados para a produção de painéis de parede, dap, aglomerado de partículas, materiais de isolamento acústico e térmico.

Outro aspeto a ter em conta no processo de tomada de decisões de gestão é a tecnologia de fabrico dos produtos. Os principais elementos da tecnologia são as matérias-primas, os aparelhos, os equipamentos, os mecanismos e as máquinas. Estes elementos estão intimamente relacionados entre si e são condicionados pela economia, pelo estado e nível do ambiente e pelo progresso científico e tecnológico. O desempenho económico e ambiental da produção depende da perfeição da tecnologia.

A tecnologia de produção e de produção de energia deve ser economicamente eficiente e não ultrapassar certos limites, após os quais se torna impossível a regeneração dos recursos. Isto exige a racionalização da produção, a sua integralidade, o que implica a minimização dos resíduos, a eliminação das perdas, a utilização de matérias-primas secundárias.

No mundo atual, os resíduos representam 96-98% do material de entrada e apenas 2-4% do produto final, de acordo com vários investigadores. O desafio consiste em reduzir os resíduos, utilizando-os o mais possível. É necessário transformar a produção num sistema fechado, desenvolvendo formas de produção com baixo teor de resíduos e com zero resíduos.

Sem dúvida, o aumento da eficiência da gestão dos recursos naturais está relacionado com medidas económicas - com a introdução generalizada de processos tecnológicos que poupam recursos e produzem poucos resíduos, com a redução da poluição do ar e da água, em particular, com a criação de uma estrutura de abastecimento de água em circuito fechado para as empresas industriais, que é um sistema de gestão da água das empresas, no âmbito do qual todos os resíduos líquidos, após tratamento adequado, são devolvidos para reutilização e reciclados em matérias-primas secundárias. A utilização de resíduos de produção e de consumo (recursos materiais secundários) e a conversão de resíduos não utilizados em resíduos utilizados reveste-se de grande importância para a proteção do ambiente, uma vez que evita a neutralização, a deposição em aterro ou a destruição dos referidos resíduos e, além disso, reduz, em regra, os custos energéticos e outros, o que, por si só, reduz a poluição ambiental, revelando-se, assim, economicamente vantajoso.

Muitos fenómenos no processo de gestão dos recursos naturais estão associados a uma interferência inadequada no sistema ecológico, uma vez que podem, por vezes, criar uma falsa impressão de bem-estar. Por exemplo, a utilização generalizada na agricultura de adubos minerais, pesticidas, pesticidas, bioestimulantes pode, numa primeira fase, dar um efeito explosivo de rendimentos e produtividade, mas, com o tempo, o sistema ecológico esgota-se, o que tem um efeito negativo no aumento da sua capacidade de formar colheitas anuais estáveis.

Uma situação semelhante verifica-se na lavoura dos terrenos agrícolas, onde se forma a erosão eólica e hídrica, que contribui para o aparecimento de deslizamentos de terras, ravinas e, consequentemente, provoca uma diminuição do rendimento das culturas e da produtividade animal.

É por isso que o homem, nas suas actividades, não pode deixar de observar os princípios e as regras da ecologia, pois, tendo ultrapassado uma única fase do desenvolvimento sequencial de um sistema ecológico, ou tendo ignorado pelo menos um dos seus componentes vivos, claramente adaptado a um determinado nicho ecológico, pode quebrar todo o sistema, que é muito difícil, e por vezes mesmo impossível, de restaurar. Isto aplica-se a todos os componentes de um sistema ecológico - seja animal, vegetal, microzona, exposições do terreno, humidade, vento, radiação solar, etc.

Naturalmente, a gestão dos recursos naturais não pode atuar num mundo isolado, mas é parte integrante da gestão de toda a economia nacional. Neste contexto, a abrangência e a otimização das decisões de gestão revestem-se de um certo interesse. Infelizmente, o princípio da globalidade e da otimização ainda não é suficientemente utilizado no Quirguizistão. Por exemplo, na indústria do carvão, as lixeiras poderiam ser utilizadas como materiais de construção. No entanto, na prática económica atual, muitas indústrias extractivas, de transformação e transformadoras centram-se principalmente nas matérias-primas e nos componentes que contêm e nos produtos produzidos a partir deles. Por conseguinte, as empresas que não estavam suficientemente preparadas e não estavam orientadas para a extração e transformação completas e profundamente complexas de matérias-primas foram frequentemente colocadas em funcionamento.

Nas condições de mercado, é de salientar o papel do progresso científico e técnico na gestão da natureza. No entanto, no Quirguizistão, as realizações científicas e técnicas disponíveis no domínio da racionalização da utilização dos recursos naturais, em muitos casos aplicadas localmente na prática, não são utilizadas em grande escala, o que reduz significativamente a eficiência da disponibilidade de recursos de todo o complexo económico nacional.

3. Critérios e princípios de gestão dos recursos naturais

A avaliação das tendências na organização da utilização dos recursos naturais, tanto na nossa república como noutras ex-repúblicas soviéticas, permite identificar e traçar prioridades na tomada de decisões de gestão. Em primeiro lugar, é necessário notar a estreita inter-relação dos problemas de gestão da natureza e dos seus programas e conceitos com as questões sociais. Isto é compreensível, uma vez que tudo o que é feito deriva diretamente da essência da atividade humana, que é dirigida para o bem e em nome do homem. Como T. Ivanova e N. Golovatskaya corretamente assinalaram, estamos a falar, antes de mais, da proteção da saúde pública e da orientação da gestão da natureza para as pessoas. O estado de saúde depende de muitos factores. Em primeiro lugar, a saúde é grandemente influenciada pelo volume, estrutura, qualidade e padrões de consumo, habitação, organização da vida quotidiana e dos tempos livres, desenvolvimento cultural e grau de conforto sociopolítico e democracia da sociedade. Em segundo lugar, o estado do ambiente e as condições de trabalho, ou seja, o nível de desenvolvimento de toda a base material e técnica da produção, reflectem-se na saúde da sociedade. Em terceiro lugar, os processos positivos e negativos na sociedade e no ambiente natural determinam a saúde das gerações futuras. Em quarto lugar, o estado da saúde pública depende da eficácia do funcionamento das instituições sociais e, em primeiro lugar, dos cuidados de saúde.[1]

Como critério principal, a saúde humana deve ser consagrada nos actos legislativos relacionados com a utilização dos recursos naturais e a proteção do ambiente. Por exemplo, a Lei da Água da República do Quirguizistão exige que a utilização racional da água seja assegurada durante a localização, conceção, construção e entrada em funcionamento de novas instalações, bem como durante a introdução de novos processos tecnológicos que afectem o estado da água, desde que as necessidades domésticas e de consumo da população sejam satisfeitas prioritariamente. De acordo com a lei, devem ser aplicadas em todo o lado medidas que garantam a contabilização da água retirada das massas de água e devolvida, a proteção da água contra a salinização e a poluição, a deposição de lixo, a prevenção dos efeitos nocivos da água, a limitação das inundações de terras ao mínimo necessário e a preservação das condições naturais e paisagísticas favoráveis. Além disso, devem ser aplicadas atempadamente nas massas de água medidas que garantam a proteção dos peixes, de outros animais e plantas aquáticos e as condições para a sua reprodução.

Ao mesmo tempo, há que ter em conta que as numerosas oportunidades de melhorar a eficiência da utilização e proteção da água não devem estar associadas a custos elevados.

Outro grupo de requisitos relacionados com o problema da saúde humana e da gestão racional do ambiente é a eliminação generalizada das fontes existentes e emergentes de impacto negativo no ambiente, ou seja, estamos a falar de regras racionais e de regras, de evitar a poluição, do cumprimento de requisitos especiais. A título de exemplo, pode citar-se o seguinte. De acordo com a legislação, todas as empresas são obrigadas a utilizar os recursos naturais que lhes são fornecidos, incluindo a terra, a água, os minerais, as florestas e outros, de forma racional, ou seja, cuidadosa, abrangente e em conformidade com as normas de proteção ambiental, da forma mais eficiente e rigorosa possível, para os fins a que se destinam. Em especial, não devem permitir a poluição e a contaminação das parcelas de terreno que utilizam quando efectuam trabalhos relacionados com a perturbação da superfície do terreno, preservar a camada fértil do solo e restaurar o estado do território em tempo útil. A lei "sobre o subsolo" da República do Quirguizistão obriga os utilizadores do subsolo não só a garantir a sua utilização racional e preservação, mas também a proteger o ar, a terra, as florestas, as águas, as reservas naturais, os monumentos naturais e outros objectos do ambiente natural, bem como os edifícios e estruturas, dos efeitos nocivos dos trabalhos relacionados com a utilização do subsolo.

As empresas são obrigadas a construir, equipar e explorar corretamente as instalações de tratamento de águas residuais. Só podem emitir para a atmosfera e para as massas de água mediante autorização das autoridades competentes para regular a utilização e a proteção da atmosfera e das massas de água. As emissões não devem resultar na ultrapassagem das normas estabelecidas para as concentrações máximas admissíveis (MPC) de poluentes na atmosfera e nas massas de água.

Na mesma linha está a luta contra o ruído. Trata-se do desenvolvimento sistemático e da aplicação de um conjunto de medidas de engenharia, técnicas e organizacionais destinadas a reduzir os níveis de ruído para normas sanitárias. O cumprimento dos requisitos legais, das normas e das tarefas específicas em matéria de proteção ambiental é constantemente controlado por organismos estatais autorizados e a sua violação é punida por lei. Por exemplo, as autoridades sanitárias e epidemiológicas têm o direito de proibir ou suspender temporariamente o funcionamento de instalações existentes que possam causar danos à saúde humana através de emissões, resíduos ou detritos. Além disso, o sistema de gestão ambiental na República do Quirguizistão é o seguinte: o subsolo é controlado pela Agência Estatal de Geologia dos Recursos Minerais, o solo pela Agência Estatal de Construção e Recursos Fundiários do Governo da República do Quirguizistão e a água pelo Serviço Sanitário e Epidemiológico. Existem vários tipos de inspecções da pesca e da caça. Existem estações meteorológicas, sísmicas e outras. O Ministério das Situações de Emergência e da Defesa Civil é responsável pelas medidas contra os riscos geológicos. Neste domínio, é necessária uma concentração razoável de forças.

Como indicador generalizado para medir a gestão da natureza em termos da sua interação com os seres humanos, podemos propor a quantidade de danos causados à saúde e ao ambiente pela violação do equilíbrio económico da natureza. É claro que é difícil quantificar a quantidade de danos para a saúde e o ambiente. No entanto, numa primeira aproximação, esses danos dependem do volume e do nível de utilização dos recursos envolvidos na atividade económica. As perdas diretas de resíduos não realizados reduzem a eficiência da produção. Ao mesmo tempo, causam um aumento da morbilidade da população e perturbam o equilíbrio ecológico da natureza, a destruição de monumentos culturais, a paisagem, etc. Ao mesmo tempo, para além das perdas e desperdícios tradicionalmente contabilizados de matérias-primas, materiais e energia, há também ruído, vibração, poeira, gases venenosos, pressão residual, calor e outros tipos de extração de energia.

Os danos económicos causados por fenómenos e processos naturais são difíceis de analisar e avaliar economicamente. Em alguns casos, recorre-se às chamadas medidas compensatórias de proteção social. Por exemplo, uma parte dos danos foi compensada aos residentes das aldeias de Tosoi e Komsomol que sofreram em consequência de um deslizamento de terras em 1994.

A poluição atmosférica tem um certo impacto na saúde humana. Os problemas de poluição atmosférica são localizados e são geralmente causados por combustíveis de baixa qualidade utilizados nas centrais eléctricas e nos transportes.

As condições sanitárias e de higiene, o consumo de alimentos contaminados, o abastecimento de água deficiente, a má qualidade das infra-estruturas públicas, etc. são, em certa medida, responsáveis pela morbilidade.

Por conseguinte, a preservação da saúde humana deve desempenhar um papel central na conservação e na gestão dos recursos naturais.

O critério de gestão seguinte é o crescimento e o desenvolvimento socioeconómico. O Quirguizistão enfrenta, sem dúvida, muitos desafios importantes e é necessário efetuar uma análise exaustiva para identificar as questões de gestão dos recursos naturais a que deve ser dada prioridade, dado que um dos principais objectivos é melhorar o nível de vida da população e reduzir a pobreza.

A este respeito, a utilização dos solos no contexto da produção vegetal é um exemplo típico. A produção vegetal é um problema económico. As deficiências existentes na utilização das terras, a lentidão das reformas estruturais na agricultura, os atrasos nos pagamentos aos produtores de cereais e a falta de facilidades de crédito são as principais razões do atraso no sector agrícola. Consequentemente, muitos agricultores deixaram de produzir culturas para venda e passaram a produzi-las como meio de subsistência. Esta situação levou ao facto de o volume de produtos vendidos ter diminuído mais significativamente do que o volume principal da produção agrícola.

Os problemas acima referidos de diminuição da produtividade agrícola estão principalmente relacionados com a utilização incorrecta das terras, o abastecimento insuficiente de água às terras irrigadas e a falta de fertilizantes suficientes para atingir um determinado rendimento.

Por outras palavras, uma política económica agrícola sólida não só terá um impacto importante na resolução dos problemas económicos rurais, como também é de extrema importância na resolução de problemas específicos de conservação. Isto porque, muitas vezes, os problemas económicos rurais, ao mesmo tempo que levam os agricultores e os criadores de gado a reagir de forma adequada à pobreza e à estabilidade, também provocam problemas de conservação.

Ao considerar os critérios e princípios da gestão dos recursos naturais, é necessário notar a importância excecional das actividades de proteção do ambiente e a utilização eficaz das infra-estruturas ambientais. Assim, como mostram os estudos, atualmente, os economistas não têm dúvidas de que os custos da proteção do ambiente contra a poluição, da reprodução dos recursos naturais e da recuperação da qualidade ambiental (em caso de redução desta em determinadas áreas) são socialmente necessários. No entanto, os critérios para a determinação desses custos a médio e longo prazo não foram desenvolvidos e não existe um mecanismo de realização desses custos na atividade económica.

Até à data, na prática económica moderna, é frequente a resistência à tomada de consciência dos custos ambientais das medidas planeadas.

Mesmo os investimentos de capital especificamente afectados a estes objectivos são, em muitos casos, significativamente subutilizados. Frequentemente, não são introduzidas medidas preventivas nem as correspondentes reconfigurações tecnológicas nas instalações de produção, incluindo as destinadas a aprofundar o processamento integrado dos recursos naturais, a aumentar a utilização plena das matérias-primas e dos materiais de base e a mobilizar e utilizar mais plenamente os recursos materiais secundários.

Ou um exemplo de como muitas instalações de infra-estruturas ambientais são, por vezes, utilizadas de forma ineficaz. Por exemplo, os canais são limpos com muito menos frequência, o equipamento de controlo da água não é reparado e, consequentemente, a capacidade dos canais e o volume de distribuição de água diminuíram.

Tudo isto exige uma maior atenção à utilização eficiente e à manutenção dos activos fixos existentes, especialmente no domínio das infra-estruturas ambientais.

Naturalmente, como critério de gestão dos recursos naturais, a avaliação das terras e dos recursos naturais em termos do impacto da sua gestão na introdução da economia de mercado, na saúde humana e no ambiente.

A avaliação das terras do ponto de vista da proteção do ambiente e da saúde humana deve ser realizada tendo em conta o princípio ecológico e económico do funcionamento económico, que é aplicável especialmente quando os recursos naturais se tornaram menos e os resíduos de produção se tornaram mais, e que se baseia não só em cálculos económicos e de engenharia, mas também em cálculos ecológicos e tecnológicos. Isto é especialmente importante no ciclo de produção do complexo agroindustrial, onde os objectos vivos: plantas e animais são utilizados como meios e objectos de trabalho humano. Neste caso, a base são as normas e os parâmetros máximos admissíveis do impacto antropogénico e tecnogénico de um determinado tipo de produção e de produtos no equilíbrio ecológico da natureza. No processo de qualquer produção é necessário: não explorar os recursos naturais até ao seu completo esgotamento; não interferir com o curso natural do ciclo de substâncias da biosfera; escolher um método tecnológico de produção que não prejudique as formas de vida da natureza circundante.

Tal como noutros domínios de atividade, existe uma forte necessidade de introduzir um mecanismo de mercado na utilização dos recursos naturais. No entanto, este processo é travado por uma série de razões. É o caso, por exemplo, da utilização das terras agrícolas, que, por um lado, "supostamente" têm um preço e, por outro, há uma equiparação na utilização de terras de qualidade diferente.

O próximo critério para avaliar a capacidade de gestão é a avaliação da eficiência da substituição de recursos primários por resíduos. O princípio fundamental aqui é a utilização plena da massa material retirada do ambiente natural, que deve produzir o maior efeito no processo de economia de vida e de trabalho incorporado. No entanto, apesar do efeito óbvio que se pode obter ao aumentar o nível de racionalidade na utilização dos recursos materiais primários e secundários, alguns recursos materiais não são utilizados ou são utilizados de forma irracional. Uma das principais razões para isso é o desenvolvimento insuficiente do aparato metodológico para determinar a eficácia do mecanismo de autofinanciamento interindustrial e métodos e formas suficientemente eficazes de estimular o envolvimento na circulação de resíduos industriais, recursos materiais secundários, aumentando a complexidade da utilização de matérias-primas; preços imperfeitos nesta área.

A avaliação das caraterísticas qualitativas, propriedades físicas e químicas, valor de consumo de muitos resíduos de produção em massa e não-produção gerados na economia nacional mostra que os resíduos têm um valor de consumo muito elevado, permitindo não só identificá-los com os recursos primários correspondentes, mas também substituí-los (compensá-los) com vantagens económicas significativas. Esta Constantia baseia-se em muitos anos de prática económica nacional e estrangeira na mobilização de resíduos como sucatas e resíduos de materiais fibrosos, escórias da metalurgia ferrosa, cinzas de centrais térmicas, resíduos alimentares, pneus de automóveis, lamas de vidro, plásticos, óleos usados de máquinas, etc.

Neste caso, a racionalidade da utilização dos recursos é determinada, por um lado, pela criação de diversos valores de consumo a partir dos resíduos, cuja qualidade corresponderia às exigências da sociedade, e, por outro lado, pela quantidade de danos para a saúde humana e para o ambiente que estes resíduos podem causar.

Para aplicar os princípios da gestão dos recursos naturais, é necessário, em primeiro lugar, dispor de uma boa base de informação, que permita analisar o estado do ambiente e da saúde humana e fornecer a todos os organismos de gestão e à população as informações necessárias.

Evidentemente, a aplicação de todos os princípios de gestão é possível se existirem meios e recursos adequados, bem como condições (pré-requisitos) para uma redistribuição livre e rápida dos recursos entre as diferentes esferas de atividade, incluindo as esferas não produtivas.

O segundo grupo de condições prévias em que se baseia o princípio de gestão é a eliminação dos obstáculos departamentais a medidas eficazes de proteção ambiental por parte das regiões.

Como em qualquer sistema de gestão, é também necessário que haja uma distribuição clara das responsabilidades funcionais entre os diferentes órgãos de gestão e executores. Afinal, muito depende da medida em que os poderes e as responsabilidades são equilibrados e definidos aquando da tomada de decisões de gestão. Os métodos económicos de gestão devem ser favorecidos, porque os métodos administrativos de gestão, na verdade, sendo de comando e ordem, limitam a liberdade de ação.

Sabe-se que a eficiência de um sistema de gestão é tanto maior quanto mais rapidamente forem tomadas as decisões de gestão, tendo em conta o fator tempo.

Na execução de quaisquer actividades, os meios e os recursos atraídos para esses fins desempenham um papel decisivo. No entanto, na República do Quirguizistão, essa oportunidade é quase inexistente, uma vez que os fundos não estão disponíveis em quantidade suficiente e ainda não foi desenvolvido um mecanismo económico que facilite a ampla utilização do potencial existente e a atração de investimentos para esses fins.

É igualmente necessário ter em conta uma certa descentralização da gestão, que terá um impacto positivo na proteção da saúde e do ambiente com a presença incondicional de órgãos de gestão republicanos, especialmente na implementação de reformas estruturais e no desenvolvimento da investigação fundamental. É claro que, ao mesmo tempo, a gestão deve ser democrática e flexível na transição para as relações de mercado.

A organização das medidas de proteção ambiental e de utilização racional dos recursos naturais deve basear-se no conhecimento e na aplicação científica profunda das leis do desenvolvimento e do funcionamento das leis da natureza. Com base nestes factores, a sociedade será capaz de gerir sistematicamente os processos naturais à escala regional e global e criar mecanismos especiais para orientar o desenvolvimento da biosfera na direção necessária para o homem.

Como já foi referido, trata-se do conteúdo da proteção do ambiente para assegurar o controlo do estado do ambiente e das fontes da sua poluição com base na utilização das mais recentes realizações e meios científicos e tecnológicos, para introduzir novos métodos e sistemas eficazes para o desenvolvimento de depósitos minerais, para combater as emissões nocivas de substâncias para a atmosfera, industriais, de transportes e outros ruídos, vibrações, campos eléctricos e magnéticos e radiações, para aplicar medidas para a utilização integrada e racional dos recursos naturais, para assegurar a proteção do ambiente, para assegurar a proteção do ambiente e das fontes da sua poluição. Propomos a seguinte estrutura dos problemas económicos da gestão dos recursos naturais.

CAPÍTULO 2

Estado atual da gestão dos recursos naturais nacionais

1. Avaliação das condições naturais e dos recursos envolvidos nas actividades económicas

A fim de justificar as decisões de gestão no domínio da gestão da natureza, especialmente no desenvolvimento de programas globais de desenvolvimento económico, é necessário organizar um sistema de avaliação qualitativa dos recursos naturais e das condições naturais envolvidas na atividade económica.

Como demonstram os estudos, os recursos naturais têm um grande impacto nas despesas de trabalho social necessárias para criar o potencial económico do Estado. Para além dos recursos naturais, é necessário avaliar as condições naturais, uma vez que estas criam a possibilidade de atividade e produção humanas. Estas incluem a radiação solar, o calor interno da terra, a posição geográfica da área, o relevo, o clima e a precipitação. Numa determinada fase do desenvolvimento das forças produtivas, as condições naturais tornam-se recursos, por exemplo: radiação solar, vento, marés, calor interno da terra.

Os recursos naturais são elementos e forças da natureza que podem ser utilizados nos domínios da produção e da não produção para satisfazer as necessidades das pessoas. Os recursos naturais incluem elementos da litosfera, da hidrosfera, da atmosfera: minerais, solos, rios, lagos, águas subterrâneas, mares e oceanos, flora e fauna.

A produção, em desenvolvimento, utiliza todos os tipos de recursos naturais e a sua diferenciação, e o desenvolvimento da produção é, em última análise, um processo de interação entre a sociedade e a natureza. Assim, o meio geográfico afecta o homem através das relações de produção que surgem num determinado espaço com base nessas forças produtivas, cuja primeira condição de desenvolvimento são as propriedades desse meio.

Entre as propriedades do ambiente, que têm uma grande influência no desenvolvimento da produção, K. Marx incluiu a diferença de condições naturais, promovendo a divisão do trabalho e os laços económicos entre as pessoas.

Tanto para as condições naturais como para os recursos naturais, é necessária uma contabilidade adequada.

Infelizmente, não existe uma contabilidade adequada dos recursos naturais na República do Quirguizistão. Por conseguinte, muitas questões relacionadas com a utilização dos recursos naturais permanecem atualmente pouco claras. Em nossa opinião, seria aconselhável introduzir na prática uma forma especial de contabilização tanto da produção como do consumo de recursos, da produção de resíduos e dos recursos de compensação de resíduos (Quadros 1-3).

Na presença de tal contabilidade sistemática, existe uma possibilidade real de formar balanços interprofissionais de recursos regionais e nacionais de recursos primários (naturais) e resíduos de produção e consumo final e, com base neles, há uma oportunidade de desenvolver esquemas de utilização racional de recursos e programas-alvo de utilização de recursos. Em tais programas, a necessidade da economia nacional nesta ou naquela substância material deve ser fornecida de acordo com a estrutura óptima das fontes da sua obtenção, com uma utilização extremamente completa e abrangente da massa explorada em todos os limites do ciclo tecnológico, fases de produção e consumo.

A nova situação ecológica, em que os elementos da economia de mercado têm de funcionar, torna necessário considerar os problemas económicos do ponto de vista das exigências da gestão da natureza e a gestão da natureza do ponto de vista das exigências do desenvolvimento económico. Estes sistemas podem ser locais, regionais e globais, dependendo da parte das suas interações que se torna o objeto da análise científica.

Os sistemas económico-ecológicos locais são aqueles em que uma área separada de atividade económica (empresa) é considerada em relação ao ambiente próximo ou aos seus objectos separados - bacia aérea ou hidrográfica, subsolo, paisagem.

Os sistemas económico-ambientais regionais caracterizam-se por um nível e uma diversidade mais elevados de objectos económicos e por uma extensão espacial correspondentemente mais ampla do próprio ambiente. Incluem sistemas em que os componentes são um grande grupo de empresas e vários objectos ambientais. Os oblasts de Osh e Jalal-Abad da República do Quirguistão, tal como historicamente formados, podem ser referidos à região. Dada a sua peculiaridade geopolítica, é designada por Sul da República do Quirguistão.

O sistema económico-ecológico global é um sistema em que, por um lado, se considera a economia como um todo e, por outro lado, se considera todo o ambiente, quer à escala planetária, quer dentro das fronteiras nacionais. O território da República do Quirguizistão pode ser incluído nesta última categoria do sistema económico-ecológico.

A intensa interpenetração e fusão da economia e da ecologia num único sistema a nível local, regional e global, quando os recursos naturais actuam simultaneamente como um elemento importante da ecologia e da economia, gera mudanças complexas no estado da natureza e da economia e determina em grande medida a natureza das suas interações. O problema emergente exige novos métodos de investigação e gestão baseados no conhecimento das leis da existência, sustentabilidade e desenvolvimento de sistemas ecológicos e económicos complexos.

A gestão do sistema económico-ecológico, assim como qualquer gestão, inclui obrigatoriamente os três elementos seguintes: o objeto da gestão, os meios de gestão e a finalidade da gestão.

O objeto da gestão é entendido como o ciclo planetário de substâncias e energia na concha geográfica da Terra. Uma parte dos elos deste ciclo está sujeita às leis do desenvolvimento das forças produtivas. Outra parte está sujeita às leis de desenvolvimento dos sistemas dinâmicos que procuram passar de um estado de desequilíbrio para um estado de equilíbrio.

Os meios de gestão económica e ecológica do sistema em condições de mercado são as alavancas económicas: avaliação económica dos recursos do ponto de vista económico nacional; pagamento pela poluição e, em geral, pela deterioração da qualidade do ambiente e dos recursos individuais, por excederem as normas do seu consumo; rendimento da utilização dos recursos naturais e do ambiente como um todo.

O objetivo da gestão do sistema económico-ecológico é aumentar a eficiência económica da produção. Este critério é entendido como uma troca de substâncias e energia (no processo do seu ciclo) entre a produção e o ambiente, que é efectuada a uma escala que satisfaz as necessidades da sociedade.

A solução do problema da gestão ambiental, ou seja, a proteção do ambiente e a utilização racional dos recursos naturais é um processo de elaboração de um conceito com base científica e de utilização prática do programa para a seleção de critérios, a sua avaliação e a obtenção de soluções óptimas.

Ao mesmo tempo, os recursos naturais, o ambiente natural e as condições do seu funcionamento não são apenas um objeto de atividade económica, mas também um fator contínuo no desenvolvimento global do homem.

Os recursos naturais e as condições naturais do Sul do Quirguizistão são diversos. Consideremos três direcções de investigação. Em primeiro lugar, os resultados da investigação permitem-nos determinar as cargas admissíveis para os seres humanos, o ambiente natural e a economia. É necessário determinar um conjunto de estados de equilíbrio do sistema ecológico e económico da região. As questões da estabilização e do desenvolvimento equilibrado de todos os componentes do sistema também são importantes aqui. Os equilíbrios dos sistemas ecológicos e económicos considerados separadamente são extremamente complexos e ainda não foram completamente estudados. Os limites da adaptabilidade e da auto-regeneração são, em muitos casos, desconhecidos e o problema da sustentabilidade dos sistemas ecológicos e económicos deve ser colocado, teoricamente fundamentado e devem ser delineadas formas e meios de chegar a conclusões práticas.

A segunda é o desenvolvimento de uma base científica para a previsão, a regulamentação e a gestão.

Um lugar importante é ocupado pelo estudo da formação e do desenvolvimento de complexos naturais e económicos territoriais nas bacias hidrográficas, o zonamento de territórios tendo em conta tanto a economia como o ambiente natural, o seu desenvolvimento equilibrado.

A terceira é a avaliação dos recursos naturais e das propriedades e qualidade do ambiente. O sul do Quirguizistão é a maior região administrativa da República do Quirguizistão. A sua área é de 73,9 mil quilómetros ou 37,2% do território do país.

Nas condições de transição para uma economia de mercado, coloca-se o problema da utilização deste território, da proteção e da reprodução dos recursos naturais.

A metodologia científica subjacente a esse problema deve basear-se nas concepções prospectivas de desenvolvimento territorial, com base na utilização óptima dos recursos regionais disponíveis e tendo em conta tanto as relações intersectoriais abrangentes como as múltiplas e complexas relações bilaterais de produção com o ambiente.

A maior parte do território da região é constituída por cumes e contrafortes, e a parte mais pequena por vales entre montanhas. A região está localizada na junção dos maiores sistemas montanhosos - o Tien Shan e o Pamir-Alai, tem uma zonalidade vertical acentuada entre 5000 e 7000 metros acima do nível do mar e tem um carácter multiestágio. Os vales fluviais nas margens da bacia de Fergana caracterizam-se por um relevo relativamente plano e uma cobertura florestal complexa. Nalguns locais existem elevações isoladas, por exemplo, o Monte Suleiman-Too (Osh). Este último tem um duplo significado. Por um lado, os estratos rochosos são valiosos, uma vez que são adequados para a produção de calcário, cal e pedras rasgadas. O relevo permite organizar aqui uma zona de lazer e rotas turísticas. Por outro lado, o Monte Suleiman-Too deve ter inviolabilidade ecológica como monumento natural.

No sul da região encontra-se o vale montanhoso de Alai, no norte - a grande depressão inter-montanhosa de Ketmen-Tyube e no noroeste - o vale de Chatkal. Para isso, é necessário resolver o problema da otimização da interação entre a economia e o ambiente. Na nossa opinião, as vertentes de comunicação e de lazer deste grave problema são de especial interesse.

Os Adyrs rodeiam diretamente o vale de Fergana. São planícies sinuosas e onduladas, fortemente dissecadas por numerosas ravinas. As suas altitudes absolutas não ultrapassam geralmente os 1000-1500 metros acima do nível do mar. Em termos económicos, os adyrs com uma localização mais baixa são insuficientemente utilizados para as culturas de sequeiro, bem como para o pastoreio do gado na primavera e no outono.

Atrás dos Adyrs há uma faixa de sopés altos e várzeas das principais cadeias montanhosas. A parte mais elevada é a cordilheira de Zaalai, que pertence aos Pamirs. Esta enorme cordilheira, eternamente coberta de neve, que atinge uma altura de 7134 metros no pico mais alto, o Pico de Lenine, fecha o Vale do Alai a partir do sul, o que se reveste de grande importância económica. É utilizada como pastagem pelos distritos de Alai e Kara-Suu e arrendada por distritos da república vizinha do Uzbequistão. As suas vertentes setentrionais situam-se no Quirguizistão e as vertentes meridionais no Oblast Autónomo de Gorno-Badakhshan, no Tajiquistão.

A descrição da localização geográfica da região e das suas condições climáticas é necessária não só para a elaboração de balanços complexos de regimes de utilização racional dos recursos naturais (materiais), tendo em conta as possibilidades de mobilização marginal dos resíduos da produção pública, mas também para a elaboração de regimes territoriais complexos de proteção da natureza. No futuro, esses sistemas deverão ser criados e ditar a redistribuição dos investimentos entre a produção de recursos primários e os resíduos nas indústrias extractivas, transformadoras e de produção de materiais, em particular, na produção de metais e ligas, produtos químicos e materiais, materiais de construção, na agricultura, alimentação, indústria têxtil, etc. O fator determinante da prioridade de envolvimento de um determinado recurso no volume de negócios deve ser o indicador do nível de intensidade total de trabalho da sua utilização ou processamento. Com base nestes valores, deve ser determinada a estrutura da base, a nomenclatura das fontes exploradas e os tipos de matérias-primas no período seguinte.

Por exemplo, as condições naturais influenciam de forma diferente o processo de construção e os produtos de construção. Relativamente ao Sul da República, podemos dizer que a maioria das zonas da região se caracteriza pelas condições mais favoráveis para a construção, embora existam zonas como Alai-Kuu e Chon-Alai, Chatkal, etc., onde as condições climáticas são quase iguais às do Extremo Norte.

Em ligação com o desenvolvimento industrial de áreas remotas e de difícil acesso, o problema do fornecimento de maquinaria industrial e de equipamento tecnológico, que ainda não foi resolvido até agora, torna-se especialmente urgente no período em perspetiva. O problema de encontrar territórios livres para a construção está a tornar-se cada vez mais premente para o desenvolvimento das cidades da República, tendo em conta que os territórios planos representam apenas 7 por cento da área total. A questão da utilização racional das minas trabalhadas (cujo fundo ascende a vários milhões de metros cúbicos), tais como ravinas, pedreiras e minas, tornou-se premente. Isto permitirá resolver eficazmente as tarefas económicas nacionais mais importantes de aumento da eficiência da utilização dos fundos fundiários, economia de energia térmica, proteção e melhoria do ambiente, melhoria do aspeto arquitetónico e estético da construção de cidades e povoações, aumento da segurança, comodidade e rapidez dos transportes e do tráfego pedestre, ao mesmo tempo que as tarefas de defesa civil. A fim de reduzir a utilização de terrenos agrícolas valiosos para a construção, o problema da utilização de terrenos complexos (áreas inclinadas) para o desenvolvimento de povoações é atual e futuro. Os factores naturais e climáticos têm um impacto importante na solução dos problemas de planeamento urbano: tipos de povoações e habitações, seu planeamento e desenvolvimento. O sul do Quirguizistão pertence às subzonas climáticas III e IV. [23]Estas zonas caracterizam-se por um clima seco e quente e por um elevado teor de poeira no ar (durante 30 dias por ano, as concentrações de poeira são de 1,5 m /m).

Aqui, é especialmente exigida a orientação correta das casas na direção latitudinal. No vale de Fergana, as condições climáticas permitem a construção durante todo o ano, o que afecta o custo estimado mais baixo das instalações em comparação com outras zonas do país. Nas zonas de alta montanha, é caraterístico reduzir a produtividade do trabalho até 20% em relação às condições de construção na planície e, no período de inverno, nas montanhas, esta produtividade diminui até 10% em comparação com o período de verão.

As temperaturas elevadas, as fortes diferenças cíclicas de temperatura, a baixa humidade relativa e a intensa radiação solar afectam a tecnologia de produção da construção.

Uma parte significativa dos custos de construção em zonas sísmicas é o custo das medidas anti-sísmicas. Representam aproximadamente 4,8 e 12% do custo estimado para a sismicidade de projeto de 7,8 e 9 pontos, em vez dos 5-8% previstos pelas normas de investimentos de capital específicos. A cidade de Osh está localizada nos centros de possíveis terramotos.[1] A construção da barragem de Papan no curso médio do rio Ak-Buura provocou alterações nas condições naturais e climáticas de Osh e dos distritos vizinhos de Kara-Suu e Aravan. A possibilidade de deslizamentos de terras, avalanches de neve e fluxos de lama exige uma organização e uma tecnologia específicas das obras, bem como custos adicionais para o desenvolvimento do território.

O problema da localização da população é um desafio ambiental urgente. Por um lado, o desenvolvimento de novas áreas requer despesas muito elevadas em transportes, estradas, serviços comerciais, culturais e médicos. A reconstrução do parque habitacional deve ser efectuada de acordo com planos diretores que prevejam a demolição de objectos não sísmicos e de outros objectos de risco geológico. Além disso, são ocupadas parcelas de terras férteis para desenvolvimento

Por outro lado, o sul do Quirguizistão tem um povoamento muito desigual. A densidade populacional média da região é de 20 pessoas por quilómetro quadrado. No entanto, este indicador não revela a imagem atual da distribuição dos habitantes. Isto é uma consequência da complexidade do relevo, da estrutura ortográfica e dos diferentes graus de desenvolvimento económico da população.

As zonas mais densamente povoadas são o sopé das montanhas, as planícies pré-Fergana na zona de Osh-Karasu, os vales de Kugart, Kurshab, Kara-Urgur e Shaidan, ou seja, zonas de agricultura de regadio intensiva. Em algumas partes desta zona, por exemplo, no oásis de Osh-Karasui e no vale de Kugart, a densidade populacional por quilómetro quadrado atinge 70-100 pessoas.

A faixa do sopé das montanhas e as encostas inclinadas das partes mais baixas dos cumes caracterizam-se por uma baixa densidade populacional. As pequenas aldeias situam-se sobretudo em depressões intermontanas com maciços agrícolas. Os vales intermontanos de alta montanha dos vales Alai, Chatkal e Alai-Kuus são escassamente povoados, com uma densidade populacional de 1-2 pessoas por 1 quilómetro quadrado.

Se apresentarmos visualmente a rede moderna de povoações na região, obtemos a seguinte imagem: em torno do vale de Fergana, na zona de agricultura de regadio intensiva, bem como nas partes inferiores de grandes vales, estão localizadas as cidades de Osh, Jalal-Abad, Uzgen, Kara-Suu, Kyzyl-Kiya e a maioria das povoações rurais, grandes tanto em termos de população como das funções que desempenham. As maiores são as aldeias de Aravan, Eski-Nookat, Nariman, Kashgar-, Kashgar- e Kashgar-Kiya.
Kyshtak, Suzak, Bazar-Korgon, Kochkor-Ata, Sovetskoye, Ala-Buka, Gulcha, Mady, Karavan, cada uma com 1,5 a 20 mil habitantes ou mais.

Acima - na zona adyr e no sopé das colinas - situa-se a maioria das povoações urbanas de Aidarken, Kadamjai, Sumsar, Shakaftar, Myrza-Ake, Kara-Kulja, Isfana, bem como um grande número de outras povoações. Muitas povoações, de dimensão relativamente pequena, situam-se ao longo de vales fluviais estreitos, na zona de florestas com frutos secos. No alto das montanhas, as povoações são pequenas e numeradas em unidades.

O bem-estar económico de um país é impensável sem um sistema de recreação da população devidamente organizado. Isto levanta o problema do estudo das condições naturais dos territórios adjacentes às instalações industriais, a fim de selecionar os melhores locais de recreio.

Criar as melhores condições possíveis para a recreação, que proporcionem uma estadia mais longa de uma pessoa ao ar livre, não só no verão mas também no inverno, é uma tarefa estatal.

As medidas estatais de proteção da saúde da população baseiam-se no princípio da prevenção e da prevenção do desenvolvimento de doenças. O meio geográfico, os factores naturais e climáticos das estâncias e dos sanatórios desempenham um papel importante neste contexto.

Os seus sucessos na profilaxia e na terapêutica devem-se às conquistas da ciência climatológica no estudo das propriedades físicas e químicas do ambiente e da influência dos seus componentes individuais no organismo saudável e doente.

O clima do Quirguizistão é o fator terapêutico biológico mais ativo e altamente eficaz.

No sul do Quirguizistão, nas encostas das cordilheiras de Chatkal e Fergana, a altitudes entre 1400 e 2400 m, existem florestas únicas de frutos secos e de árvores de fruto de Arslanbob e Sary-Chelek (a sua área é superior a 300 mil hectares).

As montanhas, as florestas, a montanha-marinha (com o aparecimento de albufeiras), o clima de montanha-floresta, os rios de montanha e os lagos de montanha são a maior dádiva da natureza, trazem às pessoas grandes benefícios materiais e de saúde. O turismo de montanha e as subidas de montanha, o tratamento médico e o lazer são fontes inestimáveis de saúde. No entanto, atualmente não são utilizados de forma racional. No sul do Quirguizistão existem a estância de Jalal-Abad, o centro recreativo de Osh, o sanatório "Automobilist", "Cooperator" e outros.

A estância de Jalal-Abad é uma das estâncias mais antigas e mais populares da Ásia Central. Está situada na parte nordeste da bacia de Fergana, nas encostas ocidentais da montanha Ayuu-Too (cordilheira de Fergana), a uma altitude de 975 metros acima do nível do mar. Devido à sua localização elevada, a estância tem vista para o vasto e pitoresco vale de Kugar, situado 300 metros abaixo do nível da estância, fechado a norte pelos picos nevados de Arslan-Bob. As camadas mais baixas das montanhas que rodeiam o vale estão cobertas de florestas de pistácios e nogueiras; o rio Kugarst corre no vale, originário dos glaciares e é um afluente do Kara-Darya.

As propriedades terapêuticas das nascentes minerais da estância são conhecidas desde a antiguidade. Atualmente, foi organizado um engarrafamento da água mineral de Jalal-Abad. O consumo desta água valiosa é recomendado para melhorar a digestão e prevenir doenças gástricas e renais devido às substâncias químicas que contém e que são necessárias ao corpo humano (Quadro 5).

Composição química da água mineral de Jalal-Abad

Quadro 5

Catiões	mg/l	Aniões	mg/l
Sódio	633	Hidrogénio	0
Cálcio	79,5	Fosfatos	0,22
Magnésio	70,4	Sulfatos	1310
Estrôncio	5,51	Nitratos	1,13
Lítio	0,033	Cloretos	518
	30	Fluoretos	0,72
Ferro (quantidade total)	0,269		
Manganês	0,5		
Amoníaco			

O teor de elementos químicos na água, como mostram as recomendações dos médicos, tem um efeito favorável na saúde das pessoas e implica também um grande benefício económico quando habilmente organizado e implementado em grande escala.

O mesmo se pode dizer, mas em maior escala, de outras fontes e locais de lazer. Assim, a casa de repouso de Osh está localizada no lado oriental elevado da cidade de

Osh, a uma altitude de 1175 m acima do nível do mar. A casa de repouso de Osh pertence à zona de baixa altitude com clima semi-desértico (verão quente, inverno ameno), a temperatura média mensal do período de verão oscila entre 220°C (junho) e 250°C (julho). A temperatura máxima atinge os 390°C ou mais em julho. Os ventos frescos que sopram constantemente ao longo do rio Ak-Buura arrefecem o ar. A temperatura mínima em janeiro atinge os 200°C. Os dias mais claros e ensolarados são observados no verão e no outono, quando a precipitação é rara. Na planície de inundação do rio Ak-Buura existem os sanatórios "Automobilist" e "Cooperator". As suas caraterísticas climáticas são as mesmas que as do centro recreativo de Osh.

Estas entidades podem servir para organizar uma forte indústria turística no sul do Quirguizistão e aumentar o potencial económico da região e da república.

Um dos recursos envolvidos na atividade económica são as matérias-primas minerais para a indústria mineira e metalúrgica. Atualmente, esta indústria fornece cerca de 15% do total da produção industrial do Sul da República. Os produtos aqui produzidos são o antimónio e os seus compostos, o mercúrio.

A produção de antimónio e seus compostos, bem como de mercúrio, é acompanhada de poluição atmosférica, que tem um impacto direto na saúde humana. As instalações de produção de antimónio em Kadamjai e de mercúrio em Khaidarkan estão localizadas no centro de aldeias, cada uma com cerca de 12 000 habitantes. O problema ambiental reside no facto de não existirem zonas sanitárias ou de segurança que separem as habitações das minas.

A situação é agravada pelo facto de as operações mineiras negligenciarem frequentemente os requisitos relacionados com a proteção do ambiente, a segurança e a saúde no trabalho.

Só as centrais de Khaidarkan e Kadamjai geraram milhões de toneladas de resíduos, que contêm centenas de milhares de toneladas de compostos de mercúrio e antimónio, arsénico, fluorite, compostos de metais pesados e de base e contaminação radioactiva por urânio e rádio.

A poluição atmosférica não está apenas relacionada com o conteúdo e as propriedades dos recursos naturais envolvidos na atividade económica, mas também, em maior medida, com a natureza do processamento e o estado da própria indústria. No Sul da República, a maioria das empresas industriais utiliza tecnologia e equipamento ultrapassados, os dispositivos de controlo da poluição instalados nas empresas são antigos e não satisfazem os requisitos modernos. Devido às cargas pesadas e ao mau estado dos instrumentos, não é possível registar integralmente as emissões e os níveis de poluição. Alguns resíduos, como os que contêm mercúrio, são eliminados em aterros municipais, enquanto outros são deixados sem vigilância em vários locais.

Os recursos energéticos representam uma parte significativa dos recursos envolvidos na economia. O principal recurso energético da República é o carvão, com reservas de cerca de 2 mil milhões de toneladas. Historicamente, a maior parte do carvão é extraído no Sul da República. O carvão é uma boa fonte de calor e o seu valor térmico médio é de 4000 kcal/kg e o seu teor de enxofre é inferior a um. [1]O teor de cinzas varia de 10 a 35%, consoante o teor de extractos.

Durante, pelo menos, trinta anos, a economia planificada centrou-se no aumento da produção e dos indicadores quantitativos, com pouca atenção aos custos, e os preços dos recursos naturais e de capital foram grosseiramente subavaliados. O desenvolvimento da indústria pesada, em que o carvão era frequentemente a principal fonte de energia, continuou a ser uma prioridade constante. De um ponto de vista ambiental, o desenvolvimento industrial a esta escala, onde quer que ocorra, é destrutivo para o ambiente. Mas, nos países de economia centralizada, a poluição atmosférica foi ainda mais agravada pelo facto de a energia e as matérias-primas terem sido utilizadas de forma muito insustentável, porque subvalorizadas.

O consumo de carvão em grande escala implica um aumento da emissão de poeiras e gases para a atmosfera. [33]Assim, em 1990, a República do Quirguizistão produziu 4202,0 mil toneladas de carvão; 24,0 mil m de lenha; 218,7 mil toneladas de petróleo e 131,0 milhões de m de gás. [33]Em 1995, estes indicadores, embora tenham diminuído acentuadamente, ascenderam a 12,4 mil toneladas de carvão, 21 mil m de madeira, 88,5 mil toneladas de petróleo e 35,7 milhões de m de gás. No entanto, estes indicadores têm também um certo impacto na saúde humana.[1] O maior impacto no ambiente e na saúde serão as emissões de poeiras, especialmente nas centrais térmicas e nas caldeiras, centrais eléctricas a carvão com colectores de poeiras em mau estado de funcionamento. No entanto, o aumento da produção de carvão para cobrir as necessidades pode ser conseguido através da exploração de pequenos depósitos a céu aberto e da criação de novos complexos de extração de carvão com base em depósitos recentemente explorados. No território do Sul existem mais de 30 jazidas estudadas e ocorrências de carvão, que podem ser desenvolvidas pelo método de extração a céu aberto, que não exige grandes investimentos de capital. As maiores jazidas de carvão estão localizadas na bacia carbonífera de Uzgen, em Tash-Kumyr, Kok-Yangak, Kyzyl-Kiya, Suluk-Ta, Almalyk.

No Sul da República, a produção de petróleo e de gás também faz parte da atividade económica, embora ainda em pequenas quantidades (cerca de 20% das necessidades da República). A presença de jazidas de petróleo e de gás combustível foi registada já em 1901. No oblast de Jalal-Abad, a produção de petróleo é de cerca de 100 mil toneladas por ano e a produção de gás natural é de 30 milhões de metros cúbicos por ano. Também aqui, as medidas de proteção ambiental não são aplicadas ao nível adequado. Todos os trabalhos são efectuados sem uma peritagem ambiental prévia. A nova empresa não dispõe de passaporte ambiental.

Sabe-se que a República do Quirguistão possui enormes recursos hidroeléctricos. Existem 5 grandes e 13 pequenas centrais hidroeléctricas em funcionamento com uma capacidade de 3000 mv. Os problemas neste domínio estão relacionados com o facto de, no passado, os custos relacionados com a proteção ambiental durante a construção de centrais hidroeléctricas não terem sido totalmente tidos em conta.

A maior parte das grandes centrais hidroeléctricas foi construída no sul do Quirguizistão. Trata-se das centrais hidroeléctricas de Toktogul, Kurpsai, Tashkumyr, Uchkorgon e Shamaldysai. Foi iniciada a construção da central hidroelétrica de Kambarata. No passado, o sector da energia desenvolveu-se de acordo com o plano determinado pelo Centro e praticamente não teve qualquer relação com a economia local. O sector da energia desenvolveu-se no passado de acordo com o plano determinado pelo Centro e praticamente sem relação com a economia local, o que inclui a inundação da maior parte das terras férteis, a perturbação do equilíbrio biológico, o desaparecimento de habitats de animais e plantas nos locais de construção das centrais, etc. Isto mostra que, juntamente com a construção das centrais, é necessário melhorar a qualidade de vida na região. Isto mostra que, para além dos benefícios indubitáveis, é necessário ter em conta as consequências negativas da construção de centrais hidroeléctricas, principalmente para o ambiente e a saúde humana.

Como já foi referido, o território do sul do Quirguizistão é rico em depósitos de pedra natural (mármore, granito, calcário decorativo e outras rochas), que podem ser utilizados para obter materiais de revestimento e que são muito procurados em todo o lado e podem constituir uma fonte não só para consumo interno, mas também para exportação para o estrangeiro próximo e distante.

Até à data, existe apenas um depósito explorado de calcário-pedra de concha na região (depósito Sarytash), desenvolvido pela Associação Oshstromaterials (Aktash JSC).

Em 1992, foi concluída a exploração do depósito de mármore branco de Akart. Parte das reservas deste depósito é utilizada pela Expedição Geológica do Sul do Quirguistão para a produção de azulejos de revestimento com uma capacidade de 10 mil metros quadrados por ano. As análises mostram que as reservas do depósito permitem aumentar muitas vezes a extração de pedra para transformação em produtos acabados ou venda como matéria-prima. Para este efeito, são necessários investimentos adequados.

Em 1992, a Expedição Geológica do Quirguizistão do Sul planeou concluir a exploração do depósito de anidrido de Adzhike e realizar a exploração geológica do depósito de granito cinzento de Chon-Buloli. Ambos os objectos estão situados no distrito de Alai e caracterizam-se por condições mineiras e económicas favoráveis. No entanto, devido à falta de financiamento, os trabalhos em ambos os sítios foram interrompidos.

Para além dos depósitos supramencionados, há uma série de outras manifestações promissoras de mármore na bacia do rio Lyalyak (distrito de Lyalyak), na margem esquerda do rio Sokh (distrito de Kadamjai), granitos (maciço intrusivo de Gaz), pictritos - rochas eruptivas montanhosas (zona de Karachatyr no distrito de Naukat, faixa de Sartalinsk a norte da aldeia de Khaydarkan, etc.), mármore rosa de Eruchey Taldysu na zona do desfiladeiro de Taldyk, etc.). Na zona do desfiladeiro de Taldysu Taldyk, mármores cor-de-rosa de Eruchey Taldysu, etc.).

As condições e os recursos naturais do sul do Quirguizistão criam condições favoráveis para o seu desenvolvimento económico. Entre os recursos minerais, destacam-se, em primeiro lugar, os fósseis de importância energética e de combustível - carvão, petróleo, gás e depósitos de metais não ferrosos. A indústria do carvão, do petróleo e do gás e a metalurgia dos metais não ferrosos foram criadas com base nestes recursos. No entanto, de ano para ano, há uma escassez de gás combustível na indústria e na vida quotidiana.
Os gasodutos Isbaskent-Maili-Sai-Osh-Sokh-Khaidarkan estão atualmente em funcionamento. O oblast de Osh é uma região líder da CEI na produção de antimónio e mercúrio.

Atualmente, 592 depósitos de materiais de construção no sul da República foram avaliados em vários graus, dos quais apenas 30 são explorados. O quadro 6 apresenta informações sobre o estado de desenvolvimento dos depósitos de materiais de construção, pedras de revestimento e outros minerais não metálicos de ocorrência comum.

A utilização dos chamados tipos não tradicionais de matérias-primas minerais no complexo agroindustrial pode ser de interesse prático do ponto de vista da regulamentação estatal: neólitos, bentonite, glauconite e argilas poligorskite, rochas de talco-magnesite de trepels. Existem manifestações praticamente inexploradas de fosforitos e matérias-primas de fosfato-carbonato.

Nos últimos tempos, o país registou uma diminuição do rendimento das culturas frutícolas, hortícolas, técnicas e outras culturas agrícolas devido a uma grave escassez de enxofre combustível para combater as pragas agrícolas.

De acordo com o Ken-Too Design and Research Centre, a procura total de enxofre na República, incluindo a necessidade de ácido sulfúrico, é de cerca de 7 000 toneladas por ano.

O depósito de enxofre de pepitas Chang-Gyr-Tash no distrito de Suzak é conhecido no sul do Quirguizistão. Em 1993, a expedição geológica do sul do Quirguizistão neste depósito selecionou a área local mais favorável para a extração a céu aberto. No entanto, as reservas de enxofre neste local são de apenas 5000 toneladas.

Assim, o problema do abastecimento de enxofre na República continua por resolver. Simultaneamente, as minas de mercúrio de Khaidarkan e de antimónio de Kadamjai emitem

Número de depósitos onde é possível a extração de pedras e rochas de construção a partir de 1.01.2012.

Quadro 6

Tipos de matérias-primas	total de campos, pcs.	Oblast de Osh		Oblast de Jalal-Abad	
		no balanço	em funcionamento.	no balanço	em funcionamento.
Pedras naturais de construção	66	3	1	2	2
Pedras naturais de revestimento	65	1	1	2	1
Rochas carbonatadas	84	3	1	2	-
Gesso	63	3	1	2	1
Rochas argilosas	275	21	9	7	3
Rochas clásticas	28	8	5	6	3
Matérias-primas para agregados de betão leve	9	2	2	-	-
Aditivos minerais activos no cimento	1	-	-	1	-
Wollastonite	1	-	-	1	-
Conclusão:	592	41	20	23	10

8 000 toneladas de enxofre na atmosfera todos os anos sob a forma de gases e poeiras.

Sabe-se que o dióxido de enxofre é facilmente capturado por absorventes selectivos adequados. Além disso, através de transformações químicas, pode ser convertido em enxofre elementar ou ácido sulfúrico. No entanto, não existe na região nenhuma tecnologia que permita captar o gás dióxido de enxofre de outros gases e convertê-lo em enxofre e ácido sulfúrico em condições industriais.

Existem também lacunas na utilização dos depósitos tradicionais de mercúrio e antimónio. Por exemplo, durante os anos do regime soviético, as empresas mineiras existentes foram suficientemente abastecidas com reservas exploradas de matérias-primas. No entanto, devido à alteração da relação entre os preços dos produtos das empresas mineiras, por um lado, e dos materiais e equipamentos necessários à produção, em particular, o aumento acentuado dos preços da energia, por outro, tornou-se não rentável explorar as reservas aprovadas de acordo com as especificações previamente desenvolvidas.

Em primeiro lugar, a fim de desenvolver as empresas mineiras existentes, as reservas minerais anteriormente exploradas devem ser reavaliadas. As jazidas cujo desenvolvimento não seja atualmente rentável devem ser classificadas como extrapatrimoniais ou mantidas em reserva até que as condições de mercado se alterem.

No processo de prospeção a longo prazo no sul da República, foi identificado um grande número de depósitos de metais não ferrosos e de metais raros nobres, mas estes permaneceram por descobrir e não foram objeto de desenvolvimento. Com o desenvolvimento de planos de negócios e uma organização adequada da produção, seria possível criar pequenas empresas de extração e transformação de minério.

A lei adoptada pela República do Quirguizistão "sobre o subsolo" confere grandes direitos de proteção e utilização do subsolo aos organismos de gestão. A Agência Estatal de Geologia e Recursos Minerais da República do Quirguizistão aprovou a "Lista de minerais de ocorrência comum" e a "Lista de depósitos de importância local". O direito de regulamentar a utilização dos depósitos incluídos nas listas é concedido às administrações distritais. As listas incluem quase todos os depósitos de materiais de construção, pequenos depósitos de carvão, sais, gesso e pedra de serra.

O principal objetivo da avaliação económica dos depósitos minerais é determinar o valor económico e selecionar os parâmetros de utilização do depósito que garantem a maior eficiência de produção a curto e longo prazo.

A avaliação económica dos depósitos minerais reflecte o processo em várias fases de prospeção, exploração, conceção e exploração de depósitos, mineração, factores geológicos e tecnológicos. Por exemplo, para os depósitos de metais não ferrosos e raros, com base no desenvolvimento dos quais se procede à extração, concentração de minério e transformação de concentrados em instalações metalúrgicas, respetivamente, é necessário um esquema tecnológico complexo. Ao mesmo tempo, os materiais de construção não metálicos, o carvão, o gás e outros tipos de matérias-primas minerais são produzidos através de processos tecnológicos simples. A este respeito, a complexidade da avaliação económica varia significativamente, mesmo para diferentes depósitos minerais.

De um modo geral, a avaliação económica dos depósitos minerais é um sistema complexo em várias fases e com vários objectivos.

Sem tocar em todo o complexo de questões relacionadas com a avaliação de depósitos, consideramos apenas os critérios e sistemas de indicadores de avaliação económica de depósitos minerais, que determinam a eficiência da sua exploração. Assim, através da avaliação económica dos depósitos é possível determinar simultaneamente os indicadores económicos da futura empresa mineira em relação às condições da sua atividade de produção. Os resultados positivos da avaliação económica são amplamente utilizados na previsão do desenvolvimento das indústrias mineiras com a subsequente conceção e construção de empresas industriais.

Ao mesmo tempo, é importante notar que vários factores influenciarão a eficiência do funcionamento das empresas planeadas com base na exploração de depósitos minerais. Assim, a existência de reservas minerais suficientes, condições geográficas e económicas favoráveis, disponibilidade de água, combustível e energia, recursos de mão de obra, bem como o nível de desenvolvimento das infra-estruturas sociais e de produção, determinarão, em grande medida, a eficiência do funcionamento das empresas mineiras. Assim, mostra-se mais uma vez que a avaliação dos depósitos minerais se reflecte nas actividades da futura empresa mineira.

A avaliação económica dos depósitos minerais utiliza um sistema de indicadores que determinam a eficiência económica e a conveniência da sua participação no volume de negócios económico nacional. Indicadores como custo, lucro, rendibilidade, investimentos de capital específicos, período de retorno dos investimentos de capital e outros indicadores de avaliação são amplamente utilizados na prática.

Na avaliação económica das jazidas, o preço de custo, a rentabilidade e o lucro cumprem a função de aumentar a sua exploração.

Ao avaliar diferentes variantes de depósitos de metais não ferrosos, na maioria dos casos é impossível garantir a igualdade dos volumes de produção por variantes, ou seja, a condição para o indicador de eficiência comparativa é o mesmo volume de espécies de componentes extraídos. Mas, neste caso, a gama e o volume de produção de cada uma das variantes comparadas dependem de factores naturais, em particular, da dimensão das reservas de categoria, das diferenças na composição e na qualidade das matérias-primas. Isto é especialmente caraterístico para depósitos de matérias-primas complexas. Com a mesma capacidade da empresa na extração de matérias-primas, os volumes de produtos de saída podem ser diferentes. A este respeito, não é um pré-requisito que variantes comparáveis em diferentes depósitos sejam iguais em termos do volume de produtos obtidos a partir deles.

A renda mineira diferencial é utilizada como um estimador na avaliação económica de depósitos minerais.

A maioria dos economistas considera que a categoria de renda diferencial é a mais conveniente como base para a avaliação dos recursos naturais.

Como resultado desta discussão, um resultado muito valioso foi o reconhecimento da validade do conceito de renda diferencial.

No sector mineiro, as condições naturais contribuem para a formação dos custos socialmente necessários. Criam a chamada produtividade natural do trabalho, cujo nível é determinado pela qualidade, exploração, condições geológicas e económico-geográficas dos depósitos minerais. As diferenças na produtividade natural do trabalho são estáveis, porque as possibilidades de envolver tipos relativamente melhores de recursos minerais na exploração são insuficientes devido às limitações e à irreprodutibilidade. Por conseguinte, uma produtividade natural mais elevada obtida através da utilização de fontes de recursos minerais relativamente melhores não pode ser a norma geral.

A procura crescente de recursos minerais obriga a sociedade a explorar jazigos minerais com condições naturais diferentes, o que conduz a diferenças acentuadas nos custos de produção individuais. Consequentemente, são geradas rendas diferenciadas aquando da exploração dos melhores depósitos.

Consequentemente, a renda mineira diferencial é formada pela diferença entre os factores de produção socialmente necessários, determinados pelas condições naturais de produção, e os factores de produção individuais.

A renda mineira diferencial é a parte principal do rendimento líquido resultante do desenvolvimento de depósitos minerais. A este respeito, funciona como o principal indicador da avaliação económica dos depósitos.

O amplo envolvimento na exploração de depósitos minerais únicos ou localizados nas condições económico-geográficas e mineiro-geológicas mais favoráveis, com a utilização das mais recentes conquistas da ciência e da tecnologia, contribui para aumentar a eficiência da indústria mineira, expressa na redução do custo de produção de minerais, aumentando a rentabilidade da produção, aumentando o lucro recebido.

É seguro dizer que o desenvolvimento futuro das forças produtivas da República do Quirguizistão está ligado às suas peculiaridades regionais e à riqueza dos seus recursos naturais. Trata-se, em primeiro lugar, das condições montanhosas do território da República, onde se encontram os principais tipos de recursos naturais: minerais e matérias-primas, recursos hídricos e energéticos, estâncias turísticas, recursos naturais recreativos, etc. O futuro potencial económico da República está indissociavelmente ligado às condições e recursos naturais. Consequentemente, o potencial económico futuro da República está indissociavelmente ligado às condições e recursos naturais. Por conseguinte, a questão do desenvolvimento economicamente racional, ecologicamente limpo e seguro dos recursos minerais e de matérias-primas nas zonas montanhosas e a localização das empresas mineiras tendo em conta as alterações da situação demográfica devem ser objeto de uma investigação científica aprofundada das ciências económicas e técnicas.

Assim, o Sul do Quirguizistão dispõe de diversos e vastos recursos minerais. A tarefa consiste em utilizá-los eficazmente, tendo em conta as relações de mercado. Para tal, é necessário, por um lado, conduzir uma política científica e técnica unificada por parte dos órgãos de gestão da república e, por outro, desenvolver programas regionais que indiquem claramente os mecanismos organizacionais e económicos para o desenvolvimento racional, integrado e ecológico dos recursos minerais. Isto, por sua vez, requer o desenvolvimento de métodos (base) para o desenvolvimento do complexo mineral e de matérias-primas da região no âmbito dos objectivos estratégicos da república.

É assim que alguns aspectos das condições naturais e dos recursos se apresentam para a escolha das opções mais aceitáveis na continuação da atividade económica nas condições de transição para as relações de mercado.

A avaliação dos recursos naturais contribui para encontrar formas práticas de desenvolvimento conjunto da biosfera e da humanidade, uma vez que o conhecimento dos factores das condições naturais permitirá encontrar as melhores opções para adaptar o sistema socioeconómico às mudanças que ocorrem na biosfera e tomar as decisões económicas nacionais corretas.

As condições naturais afectam o desenvolvimento social de diferentes formas em diferentes fases, em diferentes níveis de forças produtivas.

Algumas zonas, onde crescem florestas de nogueiras, são únicas no mundo em termos de combinação de factores edafoclimáticos. Áreas significativas de pastagens naturais e campos de feno asseguram o desenvolvimento da criação de animais.

A distribuição da precipitação durante o ano é desigual. A maior quantidade de precipitação cai nos períodos de outono-inverno e primavera. Em julho-setembro, a precipitação é insignificante - de 3 a 10 mm, em alguns locais 1525 mm. A maior quantidade de precipitação anual cai na zona montanhosa dos distritos de Suzak, Aksy, Uzgen, Kara-Kulja - de 600 a 6900 mm, noutros distritos - de 300 a 520 mm.

A orientação das cadeias montanhosas desempenha um papel importante na distribuição da precipitação no Sul do Quirguizistão. As principais fontes de precipitação são as massas de ar do oeste e do sudoeste, que arrefecem e condensam a humidade à medida que invadem a região e se aproximam das montanhas.

Nas encostas das montanhas há uma diferença nas quantidades de precipitação anual, dependendo da sua altura absoluta e localização, o que tem valores ecológicos e económicos importantes na tomada de decisões económicas. Assim, se a uma altitude de 600-1000m a precipitação anual é de até 222mm, a uma altitude de 2000-3000m aumenta até 6000mm. A quantidade de precipitação atmosférica aumenta de oeste para leste. As zonas mais húmidas são

As condições climáticas são em grande parte determinadas pelas peculiaridades da posição geográfica e do relevo. Situada na zona latitudinal subtropical, no interior de um vasto continente, está afastada das vias de transporte das massas de ar húmido.

O clima é influenciado por cadeias montanhosas que circundam o território da região a norte, leste e sul e o protegem do impacto direto das massas de ar polar frio provenientes do nordeste. A proximidade dos desertos de Kara-Kum e Kyzyl-Kum também afecta o clima.

A faixa que se estende até uma altitude de 1100 m caracteriza-se por um clima semidesértico, com Invernos moderadamente quentes (temperatura média em janeiro de 3 a 40 graus) e Verões quentes e secos (temperatura média em julho de 24 a 270 graus). Esta zona é a mais favorável para o cultivo de algodão, produtos hortícolas e culturas frutícolas, sujeitas a irrigação.

Na faixa situada a uma altitude de 1200-2000 m, o clima é moderadamente quente, o inverno é frio. A temperatura média em janeiro nas encostas meridionais da cordilheira de Chat-Kala é de 4-60, nas encostas setentrionais da cordilheira do Turquestão - 70, nas encostas da cordilheira de Fergana - 30 graus centígrados. As temperaturas em julho são de 15 a 200 graus centígrados.

Na faixa que cobre as altitudes de 2000 A 3000 m, o clima é temperado, com longos Invernos frios e Verões frescos, com temperaturas até 100 graus em janeiro e 10-110 graus em julho. Na faixa acima dos 3000 m, o clima é rigoroso. Não há nenhum dia sem geada. A neve cai nos cumes e nos desfiladeiros. A criação de iaques e de cavalos desenvolve-se nesta zona.

Os ventos predominantes nestas faixas são os ventos das encostas das montanhas orientados para o eixo do vale de Fergana.

No vale de Fergana, para além da influência da circulação atmosférica geral no clima, existe o seu próprio sistema interno de circulação das massas de ar. O ar frio que entra no vale de Fergana aquece rapidamente, transforma-se e, nas zonas planas, não altera significativamente o clima, mas nas montanhas a temperatura do ar desce significativamente, ocorrem trovoadas e precipitação sob a forma de chuva e neve e, em maio e junho, há frequentemente granizo e chuvas fortes de curta duração, que causam danos significativos às culturas de algodão e tabaco.

O inverno na zona de agricultura de regadio é moderadamente frio. Na zona montanhosa, estabelece-se geralmente no início de dezembro. A sua duração é de 90-115 dias, os degelos são frequentes. Este fator é tido em conta pelos agricultores para a tomada de decisões agrotécnicas importantes.

A primavera chega cedo, mas é frequente o regresso do tempo frio. O mês de março caracteriza-se pela transição para temperaturas médias mensais do ar positivas. O segundo período de dez dias do mês caracteriza-se por uma transição estável das temperaturas médias diárias do ar para valores superiores a +50. Este período determina o início da sementeira em massa das primeiras culturas de primavera e a retoma da vegetação. No final de março, na zona do vale, a temperatura média mensal do ar ultrapassa os +100, o que reduz significativamente a probabilidade de geadas, permitindo o início da sementeira de culturas que gostam de calor. A temperatura máxima do ar em março pode atingir os 20-270 graus centígrados.

Os Verões são longos e quentes. A temperatura média mensal varia entre 20-

280, a temperatura máxima atinge 35-430 na zona do vale-pré-montanha e 30-350 na zona da montanha. julho é o mês mais quente do ano. A duração do sol no verão é de 100-120 horas por década, podendo o número máximo atingir 120-135 horas.

O outono é quente e seco. De setembro a outubro, a temperatura do ar sofre uma forte descida. A temperatura média diária em outubro varia entre 8-100 na zona montanhosa e 11-140 nas zonas de vale-piemonte. A data média de início das primeiras geadas de outono nas zonas de sopé e de montanha é de 12-26 de outubro, na zona do vale - 4-7 de novembro. A intensidade das geadas em outubro na parte do vale pode ir até 5-80 e na zona da montanha até 10-200 abaixo de zero. A temperatura máxima do ar nalguns anos atinge 28-330. Por conseguinte, é necessário organizar o trabalho da economia nacional durante o inverno, o que requer recursos energéticos e despesas financeiras significativas.

A criação de condições de vida normais durante a estação fria depende de muitos factores económicos, ambientais e sociais.

2. Estado de utilização dos recursos terrestres, hídricos e minerais

Entre os recursos naturais mais importantes encontram-se os recursos terrestres, cujo lugar entre outros recursos naturais é determinado pelas caraterísticas funcionais da terra. A terra é a base material inicial para o bem-estar dos membros da sociedade, a base espacial para a localização das forças produtivas e da fixação humana, a base para o curso normal dos processos de produção, todos os factores de crescimento ecocómico - trabalho, material e técnico, natural e empresarial.

Para caraterizar os recursos fundiários como meios de produção, são importantes os aspectos regionais e territoriais. O quadro 7 apresenta uma caraterística dos recursos fundiários da República do Quirguizistão em 1 de janeiro de 1996.

Os recursos terrestres localizados em diferentes regiões podem diferir significativamente na sua produtividade devido às caraterísticas naturais, solo, clima, topografia, disponibilidade de água, etc.

Esta diferença está na base do aparecimento de rendimentos adicionais, de rendas diferenciais nas melhores terras, que afectam os resultados da atividade económica na agricultura. Esta diferença pode também servir de base para regular as relações com os utilizadores não agrícolas das terras.

Os recursos fundiários são espacialmente limitados e não podem ser aumentados quando a terra livre se esgota, ao contrário da possível expansão da produção de outros meios de produção. Além disso, as parcelas de terra estão estritamente ligadas a uma determinada região, caracterizam-se por uma localização permanente, o que causa o problema da criação de meios de produção especiais para a utilização da terra numa determinada região, o desenvolvimento de um sistema de infra-estruturas para ligações inter-regionais.

A análise da utilização das terras mostrou que estas continuam a ser pouco produtivas na República. As principais culturas no Sul da República são os cereais (trigo e cevada), o milho, as culturas forrageiras (milho para silagem e luzerna), o algodão e o tabaco. Os principais problemas de produtividade das terras estão relacionados com a erosão dos solos, a salinização das terras irrigadas por métodos incorrectos.

A melhoria da produtividade da terra, em sentido lato, dependerá de práticas de cultivo económicas estáveis e de uma boa gestão do uso da terra. Podem distinguir-se os seguintes tipos de fertilidade: natural, artificial e económica. A fertilidade natural é o resultado de milénios de processos geológicos, climáticos e de formação do solo. A partir da fertilidade natural, a disponibilidade de nutrientes, a humidade no solo, a sua disponibilidade para as plantas agrícolas depende em grande parte da produção, e a realização da fertilidade natural do solo do próprio homem, o nível de agro-cultura, o desenvolvimento das forças produtivas. A utilização destes factores permite aumentar significativamente a fertilidade original e natural da terra. Quanto à fertilidade artificial, esta é criada como resultado de impactos antropogénicos. Esta parte constituinte da fertilidade requer meios de trabalho adicionais, porque "... parte da fertilidade da terra cultivada é um produto artificial, que deve a sua formação à cultura e ao investimento de capital".[1] O processo de irrigação também está na mesma linha.

A irrigação é um importante fator de fertilidade artificial. A análise mostrou que no Sul, assim como na República como um todo, a disponibilidade da rede de irrigação é baixa e não excede 41% (Tabela 8).

A combinação da fertilidade natural e artificial forma a fertilidade económica, que reflecte a capacidade disponível da terra para produzir biomassa. Quantitativamente, a fertilidade económica é expressa na produção agrícola por unidade de superfície, o rendimento.

Caraterísticas das terras irrigadas a partir de 1.01.15

Quadro 8 mil hectares

Áreas	Adequado para irrigação total	Com rede de rega	Irrigado	Tipo de sistema de irrigação		
				engenharia	semiprojectado	não-engenharia
Sul do Quirguizistão	724	310	296	135	72	90
Naryn	395	197	127	12	30	84
Issyk-Kul	296	185	163	29	84	50

Talas	354	154	127	5	48	74
Chuyskaya	477	380	324	221	92	11
Por república	2246	1226	1037	402	326	309

Quatro grupos de medidas destinadas a melhorar a utilização dos recursos da terra podem ser identificados como parte de um conjunto de medidas para tornar a agricultura mais ecológica:[2]

1) melhoria do fundo fundiário no âmbito da agricultura (controlo da erosão, adubos orgânicos, recuperação de terras, meios biológicos);

2) influências orgânicas das indústrias não agrícolas, redução acentuada da retirada de terras do volume de negócios agrícola (construção de centrais hidroeléctricas, cidades, indústria mineira, etc.), compensação das suas perdas pelos utilizadores não agrícolas, redução dos recursos fundiários;

3) procura e utilização de terras devolutas adequadas para fins agrários;

4) racionalização da utilização dos fundos fundiários em função dos resultados finais da produção agrícola.

Ao mesmo tempo, a análise da utilização dos recursos fundiários mostrou que a República, nomeadamente no Sul, não combate suficientemente a erosão, a deterioração da fertilidade dos solos, etc.

As zonas de cultivo de algodão são as mais frequentemente afectadas pela contaminação por pesticidas. O tabaco é uma das culturas que requer grandes quantidades de pesticidas. No entanto, o problema da utilização de pesticidas não é a quantidade total de pesticidas por hectare, mas sim a ineficácia do abastecimento de água e a erosão dos solos, que conduzem à lixiviação dos produtos químicos dos campos e à contaminação dos recursos hídricos.

O próximo problema importante é a gestão dos recursos hídricos. A República do Quirguistão dispõe de enormes recursos de água subterrânea e superficial. Existem reservas significativas de recursos hídricos nos rios, glaciares eternos e maciços de neve. Os rios, numa determinada fase do movimento da sociedade, começaram a ter uma grande influência no desenvolvimento das forças produtivas. Caracteristicamente, as bacias dos grandes rios desempenharam um papel importante no desenvolvimento da economia.

A distribuição dos rios, lagos, glaciares e águas subterrâneas no território e as especificidades do seu regime são determinadas principalmente por factores climáticos, que, por sua vez, são fortemente influenciados pelos factores de diferenciação do relevo celular. As montanhas altas, sendo uma barreira no caminho de transporte de massas de ar, têm uma extensa rede de rios, glaciares e lagos.

As planícies adjacentes ao vale de Fergana e as baixas depressões intermontanas são cortadas por raros rios de "trânsito", que aqui perdem a sua água por evaporação, irrigação, filtração e acabam frequentemente em estuários "cegos". Assim, distinguem-se áreas hidrológicas de formação e dispersão de fluxos de água.[1]

Existem cerca de 600 rios, riachos e ribeiros com um comprimento de 10 quilómetros na região. Todos eles pertencem às bacias de três grandes rios da Ásia Central: o Syr Darya, o Amu Darya e o Tarim. Amu Darya e Tarim. O maior rio em termos de volume de água no sul do Quirguizistão é o rio Naryn, que atravessa o território do oblast de Jalal-Abad no seu curso inferior, e o rio Kara-Darya em termos de bacia hidrográfica no oblast. As bacias do Amu Darya e do Tarim ocupam apenas uma pequena parte da região. A lista dos rios mais importantes do ponto de vista económico é apresentada no quadro seguinte.

Os rios mais caudalosos do Sul do Quirguizistão[2]

Quadro 10

Nome dos rios	Área de influência	Escoamento anual, milhões de metros cúbicos[3]	Consumo médio anual, metros cúbicos[3]
Karadarya	30100	3847,6	121
	5520	2712,0	122
Chatkal (no Quirguizistão)	4420	1431,7	45,4
Thar	3510	1327,6	42,1
Soh	1675	1315,0	25
	2470	1238,6	39,6
Kyzyl-Suu (dentro de Kyr-Gyzst.)	2620	1191,1	34,8
Kara-Suu (direita)	4130	905,1	29,6
Jazzes	3750	826,2	26,2
Kara-Ungyur (Tentek Sai)	2220	693,8	21,1
	2540	674,9	21,4
Kurshab (no Quirguizistão)	1200	671,7	21,3
Isfayram-Sai	1370	570,8	18,1
Ak-Buura	3240	450,9	14,7
Kara-Kulja	2150	346,9	11,0
Kögart	1780	340,6	10,8
Isfara	1960	327,6	10,4

Os rios da vertente sudoeste da cordilheira de Fergana representam um grande perigo para o ambiente. Estes rios incluem: Kara-Kulja, Dzhazy, Kyogart, Kara-Ungyur (Tentek-Sai) e Maili-Suu. Caracterizam-se pelas cheias da primavera/verão, resultantes do degelo das neves sazonais, que anualmente causam grandes prejuízos materiais à economia nacional. As bacias hidrográficas deste grupo de rios situam-se a uma altitude relativamente baixa (até 4000 m acima do nível do mar). Ao longo das cordilheiras de Alai, Turkestan, Fergana e Chatkal, existe uma faixa de montanhas relativamente baixas, que passa para as planícies do sopé do vale de Fergana. Existem leitos de drenagens intermitentes alimentados pelo degelo da neve sazonal ou pela precipitação, que provocam frequentemente a formação de fluxos de lama.

Uma caraterística da rede hidrogeográfica das planícies é a abundância de estruturas hídricas artificiais: canais, valas, reservatórios, etc. A principal caraterística da rede hidrogeográfica das planícies é a abundância de estruturas hídricas artificiais.

Existem mais de 100 lagos no sul do Quirguizistão. A maior parte deles são pequenos, muitas vezes de origem entulhada, quando as morenas e os detritos das montanhas que bloqueiam os vales dos rios servem de barragens. Estes lagos, nas áreas de oleação antiga e moderna, formaram-se em karas e campos de arenito glaciais. Existem também lagos cársicos em locais onde se depositam rochas facilmente solúveis. Os reservatórios de água típicos dos lagos ovais

Os grandes lagos Sary-Chelek, na bacia do rio Pachata, a parte esquerda do rio Kara-Suu, a uma altitude de 1858 m acima do nível do mar, e Kulun, na bacia do rio Tar, a uma altitude de 856 m (ver quadro 11). Kara-Suu a uma altitude de 1858 m acima do nível do mar e Kulun na bacia do rio Tar a uma altitude de 856 m (ver quadro 11). Existem mais 16 lagos com uma área de espelho de água superior a 0,1 km. Os restantes lagos são pequenos, com uma superfície de água de 0,09 a 0,01 km.

Não existem lagos salinos de origem natural. O Quadro 11 apresenta as caraterísticas dos maiores lagos do Sul do Quirguizistão.

Principais lagos do sul do Quirguizistão

Quadro 11

Nome	Área do espelho de água, km2	Altitude acima do nível do mar, m	Um rio a sair de um lago
Sary-Chelek	4,52	1858,6	Sary-Chelek
Kulun	3,25	2856,0	Kulun
Kök-Ala	0,84	2606,3	Gawa-Sai
Ai-Kyol	0,82	2637,0	-
Kutman-Köl	0,54	2836,0	Kerey
Kulun-Maly	0,45	2505,2	Kulun
Kara-Suu	0,4	1870,0	Kara-Suu

Nos oblastos de Osh e Jalal-Abad existem mais de 2.033 glaciares com uma área total de 1.852,2 km. Distribuem-se principalmente nas encostas setentrionais das cordilheiras de Chonalai, Alai, Turkestan e Kichik-Alai. Nas encostas das cordilheiras de Fergana e Chatkal encontram-se centros separados de pequenas formas de glaciação moderna. [1] (ver Quadro 12) Distribuição das glaciações por cordilheiras Quadro 12

Cumes	Número de glaciares	Área dos glaciares, metros quadrados.
Chatkal	181	61,8
Fergana	270	88,2
Kichikalay	77	87,7
Alay	1034	676,4
Turquestão	246	244,8
Chon-Alai	215	693,3
TOTAL	2023	1852,2

Porque é que estes dados são citados? A explicação ecológica é a seguinte. Um aumento da concentração de dióxido de carbono na atmosfera pode provocar alterações globais no clima da Terra devido ao chamado "efeito de estufa" da camada de ar do planeta. A essência deste fenómeno é que uma camada de ar enriquecida com dióxido de carbono transmite bem a radiação solar e, ao mesmo tempo, retém a radiação térmica de onda longa da Terra. A luz solar reflectida pela superfície da Terra na sua região infravermelha é absorvida na atmosfera, levando a um aumento da sua temperatura. Foi calculado que um aumento do teor de dióxido de carbono na atmosfera já deveria aumentar a temperatura média global do ar perto da superfície da Terra em 0,3-0,40C. Um aumento de temperatura tão insignificante, à primeira vista, pode, no entanto, causar alterações significativas nos sistemas ecológicos existentes. Recorde-se que a água a zero graus está num estado de agregação tripla: vapor, líquido, gelo. ^{0}Uma nova alteração do albedo da Terra, que provoque um aumento da temperatura do ar de 2°C, conduzirá à fusão do gelo, à subida do nível das águas superficiais e a inundações catastróficas da superfície da Terra.

No entanto, vale a pena lembrar que a natureza tem propriedades de autorregulação e auto-restauração. E os dados fornecidos são necessários para a adoção de medidas de engenharia adequadas.

Em termos económicos, os glaciares desempenham um papel regulador no regime hidrológico de muitos rios - derretem no verão, quando os campos precisam mais de irrigação e uma parte significativa da água dos rios é utilizada para irrigação.

As poderosas cadeias montanhosas que ocupam a maior parte do território são as mais ricas acumuladoras de humidade (neve, glaciares) e dão origem aos principais rios. O rio Naryn caracteriza-se por um elevado teor de água e é de particular importância para a produção de energia hidroelétrica.

Os rios que nascem nas encostas da cordilheira de Fergana desempenham um papel importante na agricultura de regadio. Trata-se principalmente dos rios Kara-Darya,

Maili-Suu, Kyogart, Kara-Ungyur e Ak-Buura. Estes rios são alimentados pela água de degelo e pela chuva na primavera e pela neve eterna e pelos glaciares no verão. A distribuição desigual dos caudais de água por mês tornou necessária a construção de reservatórios nestes rios, a fim de conservar a água para irrigação durante os meses de verão, que são extremamente secos. No entanto, este facto criou, por outro lado, problemas ambientais.

A grande complexidade da estrutura geológica do território da região, a diversidade dos tipos de rochas que o compõem e a duração da sua formação, o relevo e o clima, bem como a atividade humana em termos de irrigação e abastecimento de água, determinaram as peculiaridades das condições hidrogeológicas e dos recursos hídricos subterrâneos.

Dentro das cadeias montanhosas, as condições de formação das águas subterrâneas diferem das de outras áreas. A água subterrânea é acumulada em zonas fracturadas formadas até uma profundidade de 100-150 m e em rochas fracturadas de grandes falhas. Este facto provoca uma distribuição extremamente desigual e recursos relativamente pequenos por unidade de área. As águas subterrâneas das cadeias montanhosas são frescas e são utilizadas para a rega de pastos de criação de gado distante e para o abastecimento de água à agricultura através de gotejamento de nascente e, menos frequentemente, da perfuração de poços. Muitas vezes, os recursos hídricos subterrâneos disponíveis aqui são suficientes para resolver os problemas de abastecimento de água nas zonas montanhosas. A produtividade dos poços individuais não excede 2-3 l/seg. A composição química e o grau de mineralização são muito diversos. O resíduo seco varia entre 1-10 g/l, e o tipo químico é sulfato-cloreto-cálcio. As águas subterrâneas da zona do sopé são também utilizadas para regar as pastagens da criação de gado distante e para o abastecimento de água às aldeias.[1]

Tudo isto tem uma relação direta com a gestão dos recursos hídricos, uma vez que uma distribuição uniforme por zonas e territórios é uma garantia de bons rendimentos das culturas e da utilização de métodos agrotécnicos.

As águas subterrâneas são de grande importância na análise da gestão dos recursos hídricos. Formam-se nas áreas ocupadas por depressões intermontanas. As águas subterrâneas são alimentadas principalmente por precipitação e infiltração fluvial, e apenas 3-5% por afluxo de água subterrânea das montanhas. Regra geral, na maioria das depressões, as águas subterrâneas são de boa qualidade para consumo (a mineralização raramente excede 1 g/l) e o tipo químico é hidrocarbonato-cálcio. As depressões intermontanas da região são os territórios mais desenvolvidos economicamente. A maioria das povoações está concentrada dentro dos seus limites, a utilização intensiva das águas subterrâneas para várias necessidades da economia nacional é generalizada: existem 13 depressões na região, cujas águas subterrâneas são promissoras para utilização na economia nacional. A quantidade total de reservas de água em 13 depósitos no modo de funcionamento de 24 horas é de 1916,4 mil metros cúbicos por dia.

Nove poços auto-aspirantes (com um caudal total de 17,4 l/seg.) dos depósitos de água mineral termal de Jalal-Abad e Karashorinsk são utilizados para fins terapêuticos e engarrafamento industrial.

O Quirguizistão possui os recursos hidroeléctricos mais ricos. De acordo com os cálculos dos peritos, os recursos hidroeléctricos potenciais dos rios do Quirguizistão estão estimados em cerca de 142 mil milhões de quilowatts/hora. Só no rio Naryn e nos seus afluentes, estava prevista a construção de 16 centrais hidroeléctricas com uma produção anual de 30 mil milhões de quilowatts/hora de eletricidade.

De acordo com estudos realizados, as fontes de energia hidroelétrica no Quirguizistão são fiáveis, pois são formadas por glaciares eternos e pelas neves das montanhas. Em termos ecológicos, a eletricidade é a mais fiável e limpa, e não prejudica o ambiente natural.

A albufeira de Toktogul permitiu a regulação anual e plurianual do caudal do rio Naryn, possibilitou a irrigação adicional de 400 mil hectares de novas terras no Uzbequistão e parcialmente no Cazaquistão. Se calcularmos todos os lucros obtidos nos últimos 20 anos desde a entrada em funcionamento da central hidroelétrica de Toktogul, como resultado do cultivo de algodão, arroz e outras culturas agrícolas em novas terras e do aumento do abastecimento de água a mais de 900 mil hectares de terras irrigadas existentes.

Assim, a gestão dos recursos hídricos está em grande parte relacionada com a utilização da água das albufeiras. Entretanto, existem alguns problemas neste domínio. Por exemplo, o complexo hidroelétrico de Toktogul e as suas albufeiras apenas fornecem eletricidade à República. As terras não são irrigadas, uma vez que o complexo está construído abaixo das terras agrícolas do Quirguizistão. A barragem de Toktogul, construída no vale de Ketmen-Tyubinsk, ocupa 322 mil hectares, incluindo 12 mil hectares anteriormente classificados como terras irrigadas.

Quatro povoações e o centro do distrito, onde viviam cerca de 30 mil pessoas, ficaram debaixo de água. Estas pessoas foram realojadas em novos locais, nas gargantas das montanhas. Nos tempos soviéticos, o turbulento rio Kara-Darya foi refreado. O seu caudal foi regulado, caso contrário não haveria garantia de abastecimento de água para as plantações de algodão e de produção sustentável desta cultura no vale de Fergana. Foi decidido construir o reservatório de Kampyr-Ravat no distrito de Uzgen (atualmente designado por reservatório de Andijan) com uma capacidade de 1 750 milhões de metros cúbicos de água.

Atualmente, o reservatório de Andijan acumula 1,2 vezes mais água do que a capacidade para que foi concebido. Consequentemente, o nível das águas subterrâneas subiu muito mais nas aldeias mais próximas dos distritos de Uzgen e Kara-Suu, inundando casas e destruindo vários edifícios. Durante a época de crescimento, a água provoca a erosão das margens do rio Kara-Darya.

As barragens de Toktogul e Papan, no sul do Quirguizistão, foram construídas numa zona sísmica de 8-9 pontos. Esta complexa tarefa económica e ecológica exige grandes recursos materiais e financeiros. O perigo ecológico reside na imprevisibilidade de consequências graves se muitos milhares de milhões de metros cúbicos de água acumulada nestes reservatórios, devido a um possível cataclismo natural, se derramarem sobre campos, aldeias e cidades. Por conseguinte, precisamos de uma base material e técnica para manter as barragens das grandes instalações de irrigação em boas condições técnicas. E, do ponto de vista económico, a República já está a sofrer grandes prejuízos. Durante a estação de crescimento, uma média de 70% do volume anual de descarga da barragem de Toktogul é retirada para satisfazer as necessidades dos países vizinhos. Este facto leva a uma redução da produção de energia durante o inverno. Os prejuízos anuais são estimados em cerca de 280-300 milhões de KGS.

O défice hídrico crítico é criado em duas províncias do Quirguizistão que dispõem de grandes recursos hídricos - as províncias de Osh e Jalal-Abad. Estas províncias, juntamente com a província de Naryn, tinham um limite de 14,5 por cento das suas próprias reservas durante o período soviético.

Por conseguinte, é necessária uma estratégia comum para o desenvolvimento dos recursos hídricos e hidroeléctricos da República. Para o efeito, é necessário adotar acordos interestatais: sobre os limites justificados e especificados da água dos rios transfronteiriços; sobre a utilização conjunta dos recursos hídricos e energéticos; sobre as regras e as tarifas de pagamento da água e da eletricidade utilizadas na economia nacional das partes; sobre o comércio de recursos naturais e a ordem de resolução mútua.

Os problemas ambientais carecem igualmente de uma base jurídica. Não existem leis sobre a proteção das águas superficiais e subterrâneas, do solo e do ambiente atmosférico e sobre a compensação pelos danos causados pela sua poluição. Isto é tanto mais necessário se tivermos em conta a utilização de recursos naturais como a água potável. Algumas cidades e povoações do Sul da República utilizam frequentemente água poluída como água potável. A principal fonte de poluição da água é a deterioração dos sistemas de distribuição e a contaminação das fontes de água de superfície. A observação a longo prazo, por exemplo, mostrou que a principal fonte de Osh é o rio Ak-Buura, onde são frequentes os caudais súbitos e destrutivos. A bacia do rio alberga um grande número de explorações pecuárias e agrícolas, bem como muitas dachas sem as necessárias instalações sanitárias.

A situação ambiental é agravada pelo facto de não existir uma avaliação sistemática da eficácia dos meios biológicos de neutralização das águas residuais, cuja capacidade de recolha corresponde a cerca de 70% da capacidade de abastecimento de água.

De acordo com as zonas fisiográficas caraterísticas do território da região, formaram-se vários tipos de vegetação desértica (original na sua forma de vida, o figo-da-índia), diversas estepes, prados de erva alta, subalpinos e alpinos (pistácios, amendoeiras, alichovniki, exochordniki e outros arbustos), florestas relíquias de frutos de casca rija, abetos, abetos, áceres, bétulas, choupos, salgueiros, florestas de zimbro e outras. As telas e as rochas estão cobertas com grupos de plantas formadas e, nas montanhas altas, com almofadas criófilas.

Os desertos efémeros de absinto são utilizados como terras forrageiras (rendimento de 3 a 8 c/ha). Entre os desertos, especialmente em solos pedregosos e pedregosos, encontram-se plantas com espinhos.

As estepes da região estão muito disseminadas. As zonas virgens são terras forrageiras importantes (rendimento de 5 a 18t/ha). As estepes ferruginosas, prangos e eremurus são o local de aquisição de matérias-primas medicinais.

Os prados de erva alta estão situados a uma altitude de 1200-1400 m acima do nível do mar e, abaixo destas altitudes, ao longo das planícies aluviais dos rios. Ocupam clareiras florestais, ocorrem entre arbustos e florestas esparsas. Em termos de composição florística, os prados são ricos e diversificados. Estes prados são utilizados como campos de feno e pastagens para o gado (rendimento até 4 c/ha).

As florestas da região são diversas em termos de composição florística. As mais valiosas e interessantes são as florestas únicas de frutos e nozes. Estas formam-se nas encostas das cordilheiras de Fergana e Chatkal, a uma altitude de 1200-2200 metros acima do nível do mar. Aqui crescem, para além da nogueira, a maçã, a pera, a groselha e a alcha. Na fronteira superior, as florestas de nogueiras são substituídas por florestas de abetos, abetos e áceres. Estas florestas têm um carácter de parque e estão intercaladas com prados e arbustos. As florestas de zimbro estão muito disseminadas, sobretudo nos cumes do Turquestão e de Chatkal. Aqui encontram-se os maiores maciços de florestas de zimbro do Quirguizistão. O zimbro forma florestas finas e bosques esparsos. As espécies de prado e de estepe de prado são expressas na cobertura de erva.

As florestas de choupos e salgueiros são mais abundantes nas planícies aluviais dos rios e raramente nas encostas dos rios, intercaladas por vários arbustos e vegetação de prados. As florestas desempenham um papel importante na natureza da região, cumprindo funções de proteção da água, anti-erosão, proteção do solo e higiénico-sanitárias. As florestas de nogueiras e de frutos são anualmente exploradas para a obtenção de nozes (até 1000-1200 toneladas), maças (até 5000 toneladas), alycha, taninos e outros minerais.

Os arbustos estão muito disseminados. Encontram-se pistácios e amendoeiras. Os frutos do pistácio e da amêndoa são utilizados na indústria alimentar e na medicina. Há jardins de rosas muito difundidos (de roseira brava de Kokandsky e roseira brava de topo plano), bérberis (de bérberis), cujos frutos são utilizados para a preparação de matérias-primas vitamínicas. Os arbustos de espinheiro, madressilva, tabylga, irga e açafrão-da-terra também têm valor de proteção da água, proteção do solo e controlo da erosão.

As diferentes condições ambientais associadas à faixa vertical do território da região têm um impacto significativo na composição das espécies da fauna. Os mamíferos estão representados por 65 espécies. As aves são representadas por 22 espécies. Muitos animais selvagens, peixes e aves são comercialmente importantes.

Consequentemente, a região dispõe de recursos suficientes de terra, água, recursos biológicos, etc. Aumentar o nível da sua gestão é uma tarefa não só para o futuro próximo, mas também para o futuro distante. A este respeito, há uma necessidade urgente de preparar. Estratégia nacional para a utilização, gestão e conservação eficazes dos recursos.

3. o estado da economia quirguize em transição e a avaliação da regulamentação estatal da gestão da natureza

A regulação estatal é importante na gestão dos recursos naturais nacionais. As funções económicas e reguladoras do Estado são diversas. Na utilização dos recursos naturais, estão sobretudo relacionadas com a garantia de taxas de crescimento económico adequadas, a garantia do quadro jurídico, a proteção e preservação do ambiente, a atividade económica externa, etc.

Os resultados do impacto humano na natureza devem ser considerados não só à luz do desenvolvimento tecnológico e do crescimento demográfico, mas também em relação às condições sociais em que ocorrem; diferentes sistemas socioeconómicos caracterizam-se por diferentes relações humanas com a natureza.

A economia do Quirguizistão antes da época da perestroika baseava-se na divisão intra-sindical do trabalho, era originalmente baseada em desproporções e, por conseguinte, era apoiada por subvenções, que ascendiam em 1989-1991 (os últimos anos antes da soberania) a 10...13% do rendimento nacional bruto.

Na economia do Quirguizistão existem dois complexos desconexos: os ramos do complexo agroindustrial (AIC) com a sua orientação predominantemente para as matérias-primas e as indústrias de construção de máquinas, bem como as fábricas mineiras e metalúrgicas, que dependem quase totalmente de encomendas e fornecimentos do exterior do país. Como consequência, verifica-se a desintegração económica e social das cidades e aldeias, o carácter de enclave da industrialização, quando a indústria se concentra apenas nos grandes centros industriais.

O principal objetivo das reformas económicas no Quirguizistão moderno é a introdução de relações de mercado na economia, que determinam o preço em função da relação entre a oferta e a procura e, vice-versa, regulam a relação entre a oferta e a procura em função das flutuações de preços. É de notar que as relações de mercado ainda estão subdesenvolvidas e são imperfeitas.

A concorrência - a luta dos produtores entre si por uma maior parte dos lucros, pelos mercados, pelas fontes de matérias-primas e outros factores - não funcionou. Como resultado, a economia está condenada à regressão da estagnação.

Acima de tudo, não consegue lançar o mecanismo de marketing da livre concorrência.

O Quirguizistão, depois de se ter tornado um Estado independente, entrou na comunidade mundial como um país em desenvolvimento em transição, a caminho da construção de um Estado democrático com uma economia de mercado. Apesar da recusa da ordem estatal, a economia planificada não pensa em sobreviver a si própria. Os seus princípios, que incluem parâmetros definidos como o volume, a ordem de trabalho, a orientação, a regulamentação, os projectos, continuam vivos.

Assim, atualmente, com todo o multi-estruturalismo da economia do Quirguistão no período de transição do sistema planificado para as relações de mercado, esta distingue-se pela presença de três padrões económicos principais: elementos não esgotados da economia planificada, o mercantilismo como padrão intermédio e o mercado - o padrão principal.

O que foi feito durante os anos de reformas económicas no Quirguizistão? Foram lançadas as bases de uma economia de mercado: foram criadas instituições de propriedade privada, empresas privadas e livre atividade empresarial.

No sistema da antiga URSS, noutros países com economias planificadas, no Quirguizistão, o principal objetivo era aumentar o volume de uma gama restrita de produção - gigantes industriais e indicadores quantitativos, e os preços dos recursos naturais e de capital eram extremamente subestimados. Neste sistema, a República era um apêndice das matérias-primas. Os vectores energéticos e os recursos naturais eram utilizados de forma extremamente irracional devido ao seu valor subestimado. "A panaceia para todos os problemas de produção eram os investimentos adicionais de capital.

No Quirguizistão, os recursos naturais são propriedade exclusiva do Estado, pelo que se propõe que sejam designados por "nacionais". Nestas condições, a liberalização neste sector da economia deverá ser gradual e selectiva. Uma vez que a economia de mercado e a economia planificada coexistirão durante algum tempo, os indivíduos e as empresas terão um forte incentivo para extrair rendas económicas, transferindo bens ou recursos financeiros de economias baratas e controladas para economias liberalizadas e com preços mais elevados. O governo, como instinto básico do Estado, terá de impor controlos rigorosos, tanto a nível macroeconómico como microeconómico, às actividades que ainda estão sujeitas ao plano e impor multas pesadas aos infractores.

A essência da gestão no socialismo foi determinada pelo conjunto do sistema de relações de produção socialista e, sobretudo, pela sistematicidade como forma universal e inicial das relações de produção do socialismo.

O Partido Comunista era a força dirigente e orientadora do sistema de gestão da economia nacional sob o socialismo. O Estado actuava como o principal centro de gestão da economia socialista. A base objetiva para a transformação do Estado no principal centro de gestão da produção social foi a propriedade pública dos meios de produção.

Os princípios mais importantes da gestão socialista da produção eram: o chamado centralismo democrático, a liderança do partido, o papel de liderança do Estado na gestão da produção, a planificação.

A liberalização da economia e uma política monetária rigorosa, conduzidas em conformidade com os programas de transformação económica, permitiram que o Quirguizistão obtivesse alguns êxitos nos principais indicadores macroeconómicos. A aplicação dos programas permitiu reduzir a inflação, reforçar a moeda nacional e dar início a mudanças estruturais na economia.

Ao mesmo tempo, a situação económica geral da República é influenciada pela fraqueza do Estado e dos seus órgãos executivos na formação de relações de mercado e na regulação da economia devido a instrumentos de influência limitados. Nas condições da economia de transição, as condições para a regulação da economia sob a influência das forças de mercado ainda não estão asseguradas e são necessários esforços sérios por parte do Estado para conseguir que os processos económicos evoluam na direção certa.

Uma mudança brusca do regime político e uma reestruturação radical do sistema económico exigem também a utilização de mecanismos e instrumentos adequados de regulação estatal dos processos económicos. É fundamental desenvolver uma política governamental global a médio e longo prazo que assegure um crescimento equilibrado e sustentável da economia.

CAPÍTULO 3

PRINCIPAIS ORIENTAÇÕES PARA MELHORAR A GESTÃO DOS RECURSOS NATURAIS

1.   O impacto de uma melhor gestão dos recursos naturais na melhoria da saúde pública e do nível de vida das populações.

No complexo de problemas relacionados com a vida e o desenvolvimento da sociedade humana nas condições de transição para uma economia de mercado, os problemas de encontrar um equilíbrio ótimo entre as suas necessidades económicas e as oportunidades proporcionadas pelo ambiente são de particular importância. Este problema exige a adoção de soluções conceptuais e de medidas práticas.

O problema, antes de mais, é encontrar um impacto positivo do processo de gestão da natureza no nível de vida da população. Isto é compreensível, uma vez que o grau de utilização das reservas existentes de recursos naturais minerais e de matérias-primas determina em grande medida a segurança do rendimento das pessoas. Além disso, uma utilização mais eficaz e completa dos recursos naturais contribui para a redução do desemprego, para uma distribuição mais eficaz dos recursos, para a aplicação de melhores formas de trabalho e de tecnologia.

No entanto, embora atribuindo grande importância ao papel dos recursos naturais no desenvolvimento económico, não devemos esquecer as condições que asseguram esse desenvolvimento. O facto é que alguns países, como Angola, Etiópia, Brasil, Nicarágua, etc., com abundantes recursos naturais, estão atrasados no desenvolvimento económico, enquanto outros, como o Japão, a Malásia, a Coreia do Sul e outros, sem recursos, estão a fazer enormes progressos. A razão reside nas diferentes condições materiais e sócio-culturais em que este ou aquele país se encontra e no estado de desenvolvimento científico e tecnológico.

O Quirguizistão é um país industrializado em desenvolvimento. Apesar da disponibilidade de certos recursos naturais, a república regista atualmente uma grave escassez de investimentos para a aquisição e criação de bens, instalações de produção, máquinas e equipamentos, infra-estruturas sociais, etc. Não há dúvida de que o aumento do stock de mão de obra pode aumentar a sua produtividade e elevar o nível de vida, uma vez que existe uma estreita relação entre a produtividade do trabalho e o rendimento real por pessoa empregada.

Infelizmente, a situação na República do Quirguizistão é tal que o nível de vida da população é baixo e prevalece a pobreza, que não pode ser definida com exatidão. Mas, num sentido lato, podemos dizer que uma família vive na pobreza quando as suas necessidades básicas excedem os meios disponíveis para as satisfazer. No futuro, os problemas de pobreza poderão agravar-se, uma vez que o período de transição registou um certo agravamento da pobreza, sendo que, atualmente, metade da população é classificada como pobre e um terço vive em situação de pobreza extrema.

Apresentamos estes argumentos para mostrar a correlação entre o nível de vida da população e a utilização dos recursos naturais para criar pré-requisitos e condições adequadas para a subsistência das pessoas. Não é segredo que é a utilização racional da terra, da água, dos recursos minerais e das matérias-primas que constitui, em última análise, a base da subsistência das pessoas.

Para melhorar a utilização das terras, é imperativo introduzir tecnologias de conservação dos solos e melhorar as práticas de irrigação.

Melhorar o armazenamento e a utilização dos produtos químicos agrícolas é também uma prioridade.

Um dos resultados do aumento da produção agrícola é a melhoria das pastagens. Infelizmente, durante muitos anos, tem-se trabalhado constantemente na República para aumentar o número de animais sem ter em conta as condições económicas ou o estado do ambiente. Como resultado, temos atualmente recursos de pastagem, mais de 50% dos quais estão degradados devido ao pastoreio de um grande número de animais. Além disso, tanto antes como agora, na ausência de um estatuto de mercado para as pastagens, muitas pessoas consideram-nas como uma forma de preservação e acumulação de riqueza. Nestas condições, é possível o pastoreio descontrolado, o pisoteio das pastagens e outras manifestações negativas.

Por conseguinte, nos próximos tempos, a República necessita urgentemente de desenvolver um sistema de utilização das pastagens com a definição de normas cientificamente fundamentadas para a estrutura dos efectivos por cada hectare de pastagens, em função da sua produtividade.

Uma das principais orientações para melhorar a utilização dos recursos fundiários é a aplicação bem sucedida da reforma fundiária e agrária na República.

A cobertura do solo da terra é um recurso natural renovável, mas a sua restauração por meios naturais requer centenas de anos (a restauração de uma camada de solo com 2,5 cm de espessura requer 300...1000 anos, e para toda a camada arável com uma espessura de 18 cm - 5...7 mil anos), pelo que é necessário ser extremamente cuidadoso na utilização do solo. A abordagem correta do uso da terra, a sua poupança e proteção globais permitem não só manter o seu potencial biológico e a sua produtividade, mas também multiplicá-los significativamente. A diminuição da fertilidade está em grande parte associada a factores subjectivos, principalmente a uma fraca aplicação, à realização do progresso científico e tecnológico, à utilização insuficiente das possibilidades dos meios de produção criados artificialmente na agricultura. Ao mesmo tempo, durante um certo período, a crença de que a maquinaria, os fertilizantes e os pesticidas podem aumentar infinitamente os rendimentos levou à estagnação do desenvolvimento da agro-cultura, ignorando as caraterísticas naturais da terra. Por conseguinte, nos próximos tempos, é necessário concentrar-se não só na reprodução (simples e alargada), na fertilidade económica, mas também na criação de determinadas condições para a neutralização de factores subjectivos.

O primeiro capítulo sublinhou a necessidade de uma avaliação das terras com base em pagamentos compensatórios para compensar os danos causados à produção agrícola quando as terras produtivas são afectadas a fins não agrícolas (para fins industriais, de infra-estruturas, de desenvolvimento urbano) e separadamente para a avaliação das terras urbanas. Os pagamentos compensatórios, que dependem de muitos factores, devem ser utilizados para desenvolver novas terras para a agricultura ou para melhorar a fertilidade das terras existentes. No que se refere aos terrenos urbanos, o produto da sua venda é gasto no ordenamento do território, na criação de infra-estruturas, etc. É compreensível que, a longo prazo, seja necessário desenvolver medidas especiais nestes dois domínios, a fim de colmatar as graves lacunas acima referidas.

Uma direção segura para a melhoria da vida humana é, sem dúvida, a liberdade de escolha da atividade económica, o aumento da motivação e do incentivo ao trabalho, uma agricultura eficiente, etc. O papel das reformas agrárias e fundiárias é crucial. Como já foi referido, as reformas agrárias e fundiárias em curso desempenham um papel decisivo neste domínio. No entanto, no futuro, é necessário legislar sobre muitos aspectos da utilização dos solos. Além disso, é necessário trabalhar constantemente no aumento do potencial de adaptação das plantas cultivadas, com o desenvolvimento simultâneo de sistemas científicos de conceção de agro-biocenoses ecologicamente sustentáveis e de poupança de energia, com a máxima consideração dos factores ambientais e a criação de novas plantas com base na utilização do potencial biológico e de reprodução das plantas cultivadas.

Existem certas reservas na utilização dos recursos florestais para aumentar os produtos destinados às necessidades da população. Em primeiro lugar, desempenham um papel importante na desregulamentação e proteção do solo. As ovelhas e o gado que pastam nas terras florestais fornecem produtos alimentares adicionais. Além disso, não devemos esquecer o papel essencial das frutas e dos frutos secos (como nozes, amêndoas, pistácios, maçãs, pêras, alperces, alycha) na reposição das reservas alimentares. Outro subproduto florestal valioso é o mel, especialmente no oblast de Jalal-Abad.

Outra fonte de melhoria de vida através de uma melhor utilização dos recursos naturais é o desenvolvimento do turismo, especialmente do turismo ecológico. O sul da república oferece grandes oportunidades para a criação de rotas turísticas, organizando caminhadas, escaladas, passeios a cavalo e esqui. A presença na região de lagos azuis (Sary-Chelek, Kara-Suu) e de rios cristalinos, bem como de vales e desertos multicoloridos, cria uma beleza única. Os animais selvagens são únicos e diversificados, e a região é rica em acontecimentos históricos. Osh é uma das cidades mais antigas da Ásia Central e celebra o seu 3000º aniversário em 2000.

A caça de troféus pode ser organizada no Sul da República até certo ponto. É possível organizar rotas turísticas em cooperação com os países vizinhos (por exemplo, o Uzbequistão), visitando cidades como Samarkand, Bukhara, Tashkent, Andijan. Para tal, há muito trabalho a fazer para criar as infra-estruturas, as instalações e os serviços de que os viajantes necessitam. Existem inúmeras oportunidades para a indústria da República ao melhorar a utilização dos recursos naturais. Por conseguinte, é necessária uma política industrial forte no que respeita à utilização dos recursos naturais para satisfazer as necessidades da população. Para o efeito, em primeiro lugar, é necessário desenvolver intensivamente os recursos de matérias-primas que, em parte, ainda não estão totalmente explorados. Por exemplo, o desenvolvimento de mais de 1200 depósitos e jazidas de minério na região. Trata-se de jazidas de ouro, prata, mercúrio, estanho, carvão, tungsténio, antimónio, etc., e existem grandes perspectivas para o desenvolvimento da indústria de materiais de construção.

No futuro, a indústria de transformação de pedra poderá ser desenvolvida na região. Naturalmente, existem grandes oportunidades no Sul para um maior desenvolvimento do sector da energia e para a melhoria dos recursos hidroeléctricos renováveis.

Após a definição das principais orientações para melhorar a utilização dos recursos naturais, a fim de elevar o nível de vida, é necessário adotar medidas adequadas para melhorar a saúde da população. Os principais problemas de saúde estão relacionados com a má nutrição infantil, a hepatite A (especialmente no Sul), a tuberculose, a morbilidade e a mortalidade materna e infantil.

É tempo de desenvolver um plano nacional de cuidados de saúde ambiental, que numa economia de mercado, com a emergência de múltiplas formas de propriedade, pode ser desenvolvido tanto através de apoio e financiamento públicos como através da prática médica privada e colectiva.

O próximo passo para melhorar a saúde pública através de uma melhor utilização dos recursos naturais é eliminar a influência da água que contém bactérias e vírus. Neste caso, a situação é particularmente desfavorável no Sul da República, onde, devido à grande quantidade de terras irrigadas, os canais e outras fontes de água abertas são contaminados pelo escoamento da água de irrigação, bem como pelo pastoreio livre de animais de criação.

As medidas tomadas neste domínio devem ter como principal objetivo a melhoria da rede de esgotos, dos serviços de saneamento da população, etc.

Como já foi referido, o teor de vapor de mercúrio e antimónio no ar atmosférico de Khaidar-Kana e Kadamjai tem um efeito muito prejudicial para a saúde humana. No entanto, nestes aglomerados de tipo urbano, não existem zonas sanitárias ou de proteção que separem as zonas residenciais das minas. Nestes casos, é extremamente importante um programa de monitorização que identifique medidas práticas para reduzir os efeitos nocivos para a saúde das pessoas que vivem na zona.

A recolha atempada de informações sobre a morbilidade da população e o seu tratamento poderia contribuir de forma positiva para a melhoria da saúde pública, de modo a que as autoridades competentes pudessem tomar medidas específicas para reduzir as substâncias nocivas à morbilidade e à mortalidade, garantir a qualidade da água potável nas zonas rurais e eliminar os efeitos dos pesticidas nas culturas. Essas informações devem estar disponíveis tanto para os serviços dos Ministérios do Ambiente e da Saúde como para os serviços económicos, tais como o abastecimento de água, o SES e outros, a fim de coordenar e unificar os esforços para controlar a morbilidade da população.

Entre os factores que afectam a saúde humana encontram-se alguns fenómenos que poluem a atmosfera, nomeadamente a radioatividade de alguns resíduos industriais. No passado, foram extraídas matérias-primas estratégicas do Quirguizistão, incluindo das regiões meridionais. Infelizmente, aquando do desenvolvimento de depósitos de urânio e de outras substâncias de terras raras, não foi dada qualquer atenção ao ambiente. Um problema grave a este respeito é o enterramento das lixeiras dos depósitos de urânio em Maili-Suu. Este problema, herdado dos tempos da URSS, representa uma ameaça não só para os habitantes do Quirguizistão, mas também afecta os interesses da população do Estado vizinho, o Uzbequistão. Por conseguinte, é necessária uma coordenação internacional para resolver esta questão.

Não só nas zonas rurais, mas também nas zonas urbanas, os sistemas de recolha e neutralização de resíduos são ineficazes ou não funcionam. Muitas vezes, os resíduos sólidos não são removidos a tempo, e cerca de 90% das lixeiras de resíduos sólidos nas cidades de Osh, Jalal-Abad, Sulukta, Kyzyl-Kiya e outras não cumprem as normas sanitárias. É evidente que estes fenómenos não devem ser permitidos. As autarquias locais e urbanas devem preocupar-se seriamente com a criação de um aterro para armazenamento e enterramento de resíduos tóxicos e outros resíduos industriais, incluindo petróleo e outras substâncias orgânicas, e com a reparação atempada dos sistemas de esgotos.

Resumindo, as intervenções no domínio dos cuidados de saúde devem ter um impacto real na melhoria dos cuidados de saúde, sob formas como a redução das doenças, a redução da morbilidade e da mortalidade infantil ou a minimização dos factores de risco, de modo a que todas as intervenções realizadas sirvam, tanto quanto possível, a saúde humana.

2. Medidas de proteção do ambiente no âmbito do sistema de gestão da natureza

A proteção do ambiente reveste-se de grande importância no sistema de gestão dos recursos naturais, cuja essência se resume ao facto de que, através de uma regulação razoável do impacto da sociedade sobre a natureza, é possível assegurar a preservação, a restauração e, se necessário, a melhoria das condições favoráveis à vida humana, ao desenvolvimento da produção e da cultura.

Medidas de proteção ambiental inadequadas e intempestivas podem ter consequências negativas. O aparecimento das albufeiras de Papan e Andijan, juntamente com outros factores no vale de Fergana, afectou negativamente, em devido tempo, o estado de algumas culturas agrícolas. Assim, em resultado das alterações dos factores climáticos sob a sua influência, a temperatura efectiva da energia solar necessária para a abertura do algodão não se acumula. O volume bruto da cultura do algodão no Quirguizistão foi reduzido de 210 000 toneladas para 70 000 toneladas atualmente. Em consequência, a Associação de Produção de Algodão de Osh não é abastecida de matérias-primas.

Estes e outros mares artificiais estabilizaram a subida das águas subterrâneas. Em consequência, o microdistrito ocidental, a aldeia de Tyuleiken e outras povoações da cidade de Osh, parte do território do distrito de Kara-Suu, foram inundados. Algumas zonas foram transformadas em pântanos.

Com a entrada em funcionamento da barragem de Toktogul, foram retirados de circulação mais de 32 000 hectares de terras agrícolas.

Ao interferir nos processos naturais com a ajuda da tecnologia moderna, o homem viola frequentemente as regularidades do seu curso, a sua atividade industrial provoca alterações indesejáveis na natureza para si próprio. Só no Sul, nos últimos 10 a 15 anos, as áreas florestais diminuíram em mais de 20% e muitas espécies de animais desapareceram. Nos distritos de Batken e Kara-Suu, as áreas de terrenos erodidos estão a aumentar e a poluição antropogénica da água e do ar começou por todo o lado.

Os problemas de proteção ambiental estão em grande parte relacionados com o funcionamento das empresas industriais e das explorações agrícolas no sector agrícola. Em cada caso particular de uma empresa industrial, instalações ou fábricas, na indústria ou na agricultura, nos transportes ou nos serviços - funciona uma certa quantidade de recursos naturais, em resultado da utilização dos quais se formam resíduos de produção, emissões, etc., que, entrando no ar, na água, poluem o ambiente.

Uma das formas de influenciar positivamente o trabalho destas empresas é a aplicação rigorosa das disposições legislativas no domínio da proteção ambiental. A título de exemplo, a lei da República do Quirguizistão "Sobre a proteção da natureza", adoptada em 17.04.1991, que, na secção "Sobre o bem-estar sanitário e epidemiológico da população", refere o direito dos cidadãos a um ambiente favorável, que não possa ter um impacto negativo na saúde da geração atual e futura. Infelizmente, atualmente, em muitos locais e casos, esta disposição da lei continua a ser uma declaração.

[1]Assim, em 1.01.1996, no oblast de Osh, de 116 empresas industriais, 60 não tinham zonas de proteção sanitária, incluindo a cidade de Osh - de 33 em 24, Kyzyl-Kie - de 14 em 4, Sulukt - de 24 em 3, Kara-Suu - de 13 em 13, Uzgen - de 22 em 12.

Distrito de Kadamjai - de 7 em 4.

De acordo com a mesma organização, em 1996, 301 das 2186 amostras colhidas para a medição da poluição atmosférica não cumpriam o CPM. O ar mais poluído continua a ser o ar de Osh, Kyzyl-Kiya, Kadamjai, Aidarke-n.

A poluição nas massas de água abertas continua a ser elevada. Das 196 amostras, 22 não cumprem as normas em termos de indicadores microbiológicos. Em 16 amostras foram detectados agentes patogénicos de doenças infecciosas. Estas são fontes de abastecimento económico de água à população.

Os principais poluidores das massas de água e do solo continuam a ser as explorações leiteiras e os complexos de explorações pecuárias. Atualmente, no Oblast de Osh, existem, sob diferentes proprietários, 1 milhão e 700 mil vacas e bois, cerca de 7000 cavalos, mais de 3000 porcos e quase meio milhão de aves de capoeira. Por este motivo, em 1995, registou-se no Oblast de Osh um aumento acentuado das doenças do sangue e das doenças transmitidas pelo sangue, pneumonia, bronquite e infecções renais. Neste domínio, é necessário intensificar o trabalho dos centros de serviços rurais e das estações veterinárias, cujo número é atualmente de 130, mas não é suficiente para a região.

Em 1995, foram utilizadas 54,4 toneladas de pesticidas, 48 toneladas de deroliquites e outros produtos químicos para o controlo químico de pragas no Oblast de Osh. Contudo, devido ao seu armazenamento insatisfatório, o ambiente foi grandemente afetado. No total, existem 33 armazéns para a armazenagem de pesticidas no oblast, 12 dos quais não cumprem os requisitos sanitários. [2]Dos 14 locais de tratamento, 5 são completamente inadequados.

Em 1996, a contaminação dos produtos alimentares e agrícolas, de acordo com os resultados dos testes laboratoriais efectuados pela Estação Sanitária e Epidemiológica Regional de Osh (oblSES), foi de 15,5%. Em comparação com 1995, registou-se um aumento de 2,4%. No total, em 1995, o laboratório central da oblSES efectuou 1552 análises de géneros alimentícios e de objectos ambientais para detetar a contaminação com quantidades residuais de pesticidas. Em 79 testes foi detectada contaminação com compostos organoclorados, em 44 - com compostos organofosforados, em 9 - com pitetróides e 32 - com pesticidas.
outros pesticidas de diferentes classes químicas. Os organismos Gosannadzor da região tomaram medidas para evitar a poluição de objectos ambientais. Em 1996, foram aplicadas 38 multas por falta de proteção das massas de água e 35 materiais foram submetidos a comissões administrativas. O funcionamento de 15 objectos foi suspenso, foram aplicadas 32 multas por poluição do ar e 126 multas por poluição do solo.

A utilização racional dos recursos hídricos e a preservação da pureza das massas de água naturais é um dos aspectos mais importantes da proteção do ambiente.

Gostaríamos de apresentar aqui algumas formas de melhorar a sua utilização.

Como medidas económicas prioritárias para melhorar a utilização dos recursos hídricos, na nossa opinião, a economia nacional deve enfrentar as tarefas de economia global dos recursos hídricos, proteção das bacias hidrográficas, lagos e outras fontes contra a poluição, entupimento e esgotamento, redução do consumo específico de água por unidade de produção. Tudo isto mostra a urgência e a acuidade do problema do abastecimento e da utilização da água na fase atual e a necessidade de aumentar a eficácia das medidas de poupança e de proteção da água destinadas a proteger as massas de água da poluição e do esgotamento, a introdução de processos tecnológicos com baixo teor de resíduos, bem como o desenvolvimento de novos métodos e instalações para o tratamento das águas residuais industriais e municipais. É necessário tomar medidas para garantir a utilização racional e a proteção dos recursos hídricos contra a poluição e o esgotamento, para aumentar a capacidade do sistema de reciclagem e reutilização da água e para desenvolver e introduzir sistemas de utilização de água sem drenagem nas empresas. A atividade das unidades de gestão da água, cujo principal objetivo é o abastecimento moderno dos consumidores com água em quantidade e qualidade necessárias, deve desempenhar um papel decisivo neste contexto.

A base material do sector "gestão da água" inclui: estruturas hidráulicas (barragens, diques, canais), ou seja, todos os activos fixos que servem o objetivo de utilização racional dos recursos hídricos à escala da participação das fontes de água; instalações de infra-estruturas que permitem utilizar a água para o processo de produção (bombas, condutas, sistemas de arrefecimento da água); activos fixos para fins de proteção da água (instalações de tratamento).

Na nossa opinião, as grandes despesas necessárias para manter os recursos hídricos em boas condições requerem objetivamente uma regulamentação estatal, uma vez que muitos objectos do sistema de gestão da água são objectos de fins inter-agrícolas, totalmente regionais e totalmente republicanos.

A utilização racional e a proteção dos recursos hídricos devem basear-se no balanço hídrico, que contém partes de recursos e de despesas. Os indicadores da utilização racional da água são: o rácio entre a eliminação de águas residuais e o volume de água doce recebida; a multiplicidade de utilização da água - o rácio entre o consumo bruto e o volume de consumo de água doce; o número de empresas que interrompem a descarga de águas residuais não tratadas e não tratadas em relação ao número total de empresas. Devem ser elaborados projectos de planos para a proteção e a utilização racional dos recursos hídricos que prevejam tarefas destinadas a pôr termo à descarga de águas residuais poluídas através da introdução de tecnologias avançadas, da utilização de resíduos e da construção de instalações de tratamento. O exemplo do rio Ak-Buura, que corre no território dos distritos de Nookat e Kara-Suu, na província de Osh, é exemplar. Tem 148 quilómetros de comprimento e uma área de captação de 2530 quilómetros quadrados. A principal fonte de abastecimento de água é o degelo da neve e a água dos glaciares. [3]O caudal médio anual é de 21,4 m/s. No rio Ak-Buura encontra-se a cidade de Osh, as aldeias: Papan, Osh, Osh, Osh. Osh, as aldeias de Papan, Toloykon, Ozgur, etc. estão situadas no rio Ak-Buura. Este rio é amplamente utilizado para irrigação e abastecimento de água. O reservatório de Papan foi construído no curso médio. O escoamento anual é de 675 milhões de metros cúbicos.

A criação da barragem de Papan, no rio Ak-Buura, provocou alterações no regime hidroquímico e na qualidade da água potável. O erro de conceção consistiu em não ter em conta a mineralização esperada da água, resultante da formação de um lago artificial.

Nas condições do Oblast de Osh, típicas de um clima temperado e quente, a água "floresce" com algas azuis-verdes, o que significa que se formam substâncias tóxicas, a qualidade da água deteriora-se, surgem odores estranhos e um sabor desagradável. A água torna-se, até certo ponto, imprópria para consumo. Durante os períodos em que uma grande massa de micro e macro vegetação morre, a qualidade da água deteriora-se ainda mais acentuadamente, o teor de oxigénio dissolvido diminui e surgem odores desagradáveis.

Para manter a qualidade da água na albufeira, o leito da albufeira deve ser cuidadosamente limpo de vegetação e contaminantes anualmente, após a estação de crescimento e antes do enchimento.

Em consequência da formação do reservatório de Papan, o nível das águas subterrâneas subiu nas povoações vizinhas dos distritos de Kara-Suu e Aravan e na parte ocidental da cidade de Osh, inundando casas e destruindo vários edifícios.

Além disso, a albufeira de Papan está localizada na zona de 8-9 pontos. Isto dita fortemente a necessidade de manter a barragem em condições de funcionamento, de estabelecer uma monitorização ecológica, uma previsão sistemática, a ocorrência e o desenvolvimento de problemas ecológicos, a possibilidade de novas formas e focos de processos e fenómenos geológicos perigosos, as suas taxas e resultados finais: justificação e seleção de medidas médicas, de engenharia e económicas para prevenir processos que criam problemas ecológicos para combater o seu impacto médio, obtendo indicadores de cálculo para a sua conceção.

O abastecimento de água e os esgotos têm um impacto significativo no ambiente. A resolução adequada destas questões tem um impacto positivo na economia da cidade e na possibilidade da sua expansão futura.

Nas cidades e nos aglomerados populacionais da região, devido à falta de condutas de água municipais, a população é forçada a utilizar condutas de água técnicas que não dispõem de instalações de tratamento e de desinfeção da água. Devido à falta de condutas de água, 70% da população do oblast de Osh utiliza diretamente os rios, os aryks e mesmo vários reservatórios técnicos de água para beber.

As redes de abastecimento de água e de esgotos requerem grandes quantias de dinheiro para funcionarem eficientemente. O tratamento da água requer sulfureto de alumínio, vidro líquido, carbonato de sódio e cloro líquido. Para além da aquisição de reagentes para o tratamento da água, devem ser afectados fundos consideráveis à reparação das redes de abastecimento de água e à instalação de novas redes principais de abastecimento de água. As actuais redes de abastecimento de água e de esgotos estão desgastadas.

Atualmente, o problema do abastecimento de água a Kyzi-Kii é grave. A conduta de água, que está a ser construída há vários anos, já precisa de ser reconstruída. É necessário completar as medidas anti-queda. Como é sabido, as torrentes de lama constituem um perigo para a vida da cidade.

A situação ambiental geral exige a construção de um reservatório e de instalações de tratamento em Uzgen. Aproximadamente a mesma situação ambiental nos distritos de Lyailyak, Batken e Kara-Kulja. A falta de instalações de tratamento e de esgotos nestes distritos ameaça a eclosão de novas doenças.

[3]Na cidade de Kara-Suu, foram colocadas em funcionamento instalações de tratamento e uma rede de esgotos com uma capacidade de 1500 m de esgotos por dia. Estas instalações, antes de entrarem em funcionamento, já apresentam fugas. Não foram efectuados testes hidráulicos.

Como já foi referido, têm-se registado recentemente alterações climáticas globais. Este facto está relacionado, na nossa opinião, com o aparecimento de Kampyr-Ravat (Andijan), Papan, Bazar-Korgon, Tort-Kul, Toktogul (Kairak-Kum na província de Leninabad no Tajiquistão) e outros reservatórios no vale de Fergana na região nos últimos 20-30 anos.

O problema do estudo da formação do clima e das causas das alterações climáticas exige a consideração de vários processos geológicos.

Existem 11 estações meteorológicas no Oblast de Osh. Na zona do vale, para além de Osh, existem (enumeradas de oeste para leste) em Isfana, Batken, Khaidarken, Naukat, Kara-Suu, Uzgen. Existem também estações de altitude localizadas em Kichik-Alay, Daraut-Kurgan, Sary-Tash, Kyzyl-Jar (esta última fica no distrito de Kara-Kuldjin, quase na fronteira sul).

Existem mais 11 estações de medição nos rios Isfayram-Sai, Shakhimardan, Kyrgyz-Ata, Aravan-Sai, Zhazy (Iasi), Zerger, Donuz-Too, Kolduk (os últimos três rios são afluentes do Iasi), bem como nos rios Kara-Kulja, Tara, Kurshab.

Existem quatro postos agro-pecuários na região: em Markaz (distrito de Kadamjai), Karavan (distrito de Naukat), Aravan e Gulcha.

A rede existente de estações meteorológicas, postos hidrológicos e agro-postos é insuficiente.

Esta lista não inclui serviços como estações de avalanche de neve, que são tão necessárias em zonas de alta montanha. Segundo a investigação, são necessárias pelo menos duas: em Kara-Kulja e Alaikuu.

A fiabilidade das previsões dos meteorologistas é atualmente reduzida pelo facto de a origem deste serviço, a estação de alta montanha de Chaar-Tash, ter deixado de funcionar. Esta estação funcionou até 10 de outubro de 1993. Em consequência do encerramento da estação, os dados necessários para toda a República deixaram de ser recebidos.

Esta pequena análise argumenta que a falta de fundos e a crise económica levaram ao colapso dos serviços ambientais mais importantes do país.

A estação de Chaar-Tash está situada a uma altitude de 2748 metros acima do nível do mar. A precipitação anual aqui é de 1080 mm por ano. Para comparação, citemos o mínimo de Osh - 353 mm, cerca de três vezes menos. Muitos cursos de água têm origem nesta zona de alta montanha, nas encostas da cordilheira de Fergana. Muitos cataclismos primaveris e desastres naturais têm origem aqui. Por exemplo, em março de 1994, ocorreram deslizamentos de terras nas aldeias de Tosoi e Komsomol do distrito de Uzgen. Anteriormente, os avisos à população sobre possíveis catástrofes eram recebidos de Chaar-Tash. Mas a crise económica colocou este problema ambiental perante o governo.

A análise da preparação e da aplicação das medidas de prevenção e de eliminação das consequências das catástrofes naturais mostra que, nas condições das reformas económicas em curso na República, a base material e técnica da defesa civil foi fortemente reduzida e, consequentemente, a sua capacidade de assegurar a prontidão quotidiana para executar as tarefas que surgem subitamente.

As sociedades anónimas, as associações de camponeses e as explorações agrícolas não estão praticamente empenhadas em resolver as tarefas destinadas a assegurar a proteção dos seus trabalhadores e empregados em caso de emergência. A formação da população no âmbito do programa de proteção civil foi interrompida.

Uma questão complexa e problemática é a construção de estruturas de proteção - abrigos, abrigos anti-radiação, bem como a sua manutenção em condições de receber a população abrigada.

Os prazos de armazenamento do equipamento especial de proteção civil da reserva de mobilização armazenado nos armazéns normais dos distritos de Osh, Uzgen, Nookat e Batken estão a expirar. Os trabalhos de controlo atempado da qualidade do armazenamento e de renovação das máscaras de gás, das câmaras de proteção para crianças e dos dispositivos de reconhecimento químico e de radiações não são realizados devido à falta de fundos. O problema da constituição de reservas de géneros alimentícios e de bens essenciais para a população em caso de emergência em tempo de paz e de guerra merece uma atenção especial.

Não menos importante é o problema de alertar a população para a ameaça de possíveis situações. No entanto, no âmbito do programa de privatização e desnacionalização da propriedade estatal e comunal, 57 das 103 estações de rádio do oblast de Osh foram transferidas para pequenas empresas e quintas comunais. Quase todos estes centros estão fora de serviço e o número de pontos de rádio nas empresas e nas casas da população está a diminuir drasticamente. Os centros de comunicação não dispõem de reservas de altifalantes de rua. Tudo isto conduziu a uma forte redução do principal meio de informação da população sobre as situações de emergência.

Para além dos problemas muito graves associados ao movimento de deslizamento de terras, existe um perigo real associado a uma fonte de risco radioativo acrescido. Trata-se do depósito de rejeitos (termo técnico) de antigas minas na cidade de Maili-Suu, nas povoações de Sumsar e Shakaftar no distrito de Ala-Buka, em Aidarken e Kadamjai - no distrito de Kadamjai. Se ocorrer um pequeno deslizamento de terras, as consequências podem afetar o património genético das populações não só do vale de Fergana, mas também de toda a Ásia Central. A questão da situação ecológica exige uma grande solução económica. De acordo com a nossa investigação, as consequências ecológicas de diferentes operações mineiras no sul do Quirguizistão existem realmente: em Mailuu-Suu, no Tuy-Moyun virgem do distrito de Aravan, e em dezenas de outros depósitos de minério de vários elementos radioactivos. Aqui é necessário ter em conta que as fontes naturais de radioatividade bastante forte existem em qualquer área e estão ligadas a manifestações de vulcanismo antigo. Surgiram novos problemas de inversão adicional.

As barragens e outras estruturas que protegem os rejeitos dos antigos concentradores devem ser mantidas em boas condições, não só devido aos riscos ambientais, mas também por razões económicas. O processamento integrado de matérias-primas não foi totalmente estabelecido no passado. Devem ser exploradas as possibilidades de reciclagem destas rochas, supostamente "resíduos", para as tornar ainda mais seguras.

Nas proximidades destes locais encontram-se frequentemente instalações de criação de gado, pastagens, edifícios e estruturas para diversos fins. No entanto, todas as informações sobre as fontes naturais de radioatividade, para não falar dos locais onde são extraídos minérios radioactivos, são estritamente secretas, e é necessário encontrar soluções para as desclassificar: estamos a falar da saúde da população e do bem-estar económico do país. Em relação aos testes de armas nucleares no local de testes de Lobnor, na República Popular da China, é imperativo estudar o fundo de radiação na região tendo em conta este fator e tomar medidas práticas.

As recomendações para a reforma da política ambiental no Sul do Quirguizistão incluem, para além de propostas gerais, medidas específicas como a coordenação com as repúblicas vizinhas, a gestão das reservas naturais situadas na fronteira; medidas para a neutralização e eliminação de resíduos perigosos, especialmente depósitos de urânio; fornecimento de água potável; melhoria da tecnologia e conservação do solo no distrito, etc.

3. Melhoria do mecanismo económico e jurídico e das actividades de gestão na utilização dos recursos naturais

O desenvolvimento e a melhoria do mecanismo económico e jurídico devem ser considerados como orientações para melhorar a gestão dos recursos naturais. A ideia principal aqui é a regulação legal das relações na utilização dos recursos naturais através de meios administrativos e legais com incentivos económicos. Na prática, como antes e agora, um dos principais problemas é o confronto entre a ecologia e a economia na utilização dos recursos naturais. Até à data, tem-se tentado resolvê-lo principalmente através da aplicação de métodos administrativos e legais de influência com base em proibições, restrições, medidas de punição criminal e administrativa.

Se o método de influência administrativa e jurídica se baseia nas relações de poder e subordinação, o mecanismo económico baseia-se no interesse material do executor em atingir o objetivo real. O mecanismo económico inclui tanto as instituições permanentes, sem as quais não pode funcionar normalmente, como as novas instituições que surgiram com base nas relações de transição para as relações de mercado.

O conceito de mecanismo económico na utilização dos recursos naturais e na proteção do ambiente é um fenómeno novo na prática.

A gravidade deste problema pode ser vista, por exemplo, nas questões de pagamento pela utilização de recursos, incluindo taxas pela recolha de água doce e taxas pela descarga de efluentes poluídos em massas de água.

Na literatura económica pós-soviética, o princípio da tarifação da água é, em grande medida, inaceitável; no entanto, as abordagens metodológicas para determinar o pagamento pela descarga de água e de águas residuais são diversas.

Existem duas abordagens principais para a definição de água doce. De acordo com a primeira abordagem, a avaliação dos recursos naturais está ligada aos custos do seu desenvolvimento e reprodução. Uma vez que a mão de obra é utilizada na utilização dos recursos hídricos, a água tem um valor social. A determinação do preço da água é efectuada de forma semelhante ao cálculo do custo da água e o lucro é encontrado com base na taxa média de rentabilidade da economia nacional. O cálculo do preço inclui os custos do abastecimento de água e da eliminação da água (custos de captação, transporte, tratamento local e eliminação de águas residuais), para o estudo e proteção dos recursos hídricos, para a sua regulação, etc.

As condições práticas deste grupo de economistas não visam a otimização da utilização dos recursos hídricos, mas sim a "legalização" dos custos do sector da água.

De acordo com o segundo ponto de vista, a água, como qualquer recurso natural, deve ser avaliada tendo em conta a sua utilização limitada e multivariável. O preço da água deve refletir o benefício económico adicional resultante da sua utilização. Assim, a valorização da água surge como uma função direta da renda diferencial, que mostra o montante do ganho económico para a economia nacional.

A taxa de descarga de águas residuais é determinada com base no preço da água doce e no volume de água necessário para diluir o efluente até ao seu estado natural, ou está ligada ao montante dos danos económicos causados pela poluição da água. A primeira abordagem é cada vez mais difícil de concretizar na prática, uma vez que o estado dos recursos hídricos já existentes nas massas de água naturais não satisfaz muitas vezes o requisito.

O conceito, em que a taxa é considerada como um parâmetro de controlo que estimula as empresas a escolherem o mais eficiente do ponto de vista económico nacional, obtendo a qualidade ambiental exigida, está a ganhar cada vez mais adeptos. No entanto, convém recordar que é pouco provável que a introdução de taxas de utilização da água resolva os problemas ambientais se não for apoiada por mudanças radicais no mecanismo económico em geral e no atual sistema de distribuição de lucros em particular.

O atual sistema de taxas no sector da água é insuficiente para otimizar a utilização da água porque não tem em conta a avaliação económica da água como recurso natural.

Em nossa opinião, é necessário estabelecer uma tarifa separada para a água: grandes rios; em canais; água fornecida pelo sistema de abastecimento de água à população, água fornecida pelo sistema de abastecimento de água à indústria (dentro da norma e acima da norma); água reciclada e água em sistemas de irrigação.

Para além das taxas sobre a água, é necessário introduzir taxas sobre a poluição da água. As formas de formação de taxas de poluição propostas na literatura são muito diversas, as taxas estão ligadas aos danos causados pela descarga de águas residuais, ao volume de descargas excessivas, ao custo das águas residuais, etc. Atualmente, não existe um sistema de pagamento pela poluição das massas de água no Quirguizistão. As empresas pagam apenas pela descarga de águas residuais nos sistemas de esgotos e nas instalações de tratamento municipais (taxa de tratamento). As medidas legais (penais, civis, administrativas) de responsabilidade pela poluição das massas de água e dos recursos hídricos previstas na legislação abrem amplas oportunidades para aumentar a eficiência de toda a produção social e do sector da água como um dos seus ramos.

No desenvolvimento do mecanismo económico para a utilização dos recursos, é importante atingir custos mínimos de trabalho social, distribuição e utilização racionais dos recursos extraídos, preservação do ambiente a um nível que garanta condições normais para a vida da sociedade, no presente e no futuro previsível.

Na sua forma mais geral, o esquema das ligações mais intensas entre sectores individuais da economia e a gestão da natureza é apresentado no Quadro 15.

Esquema de ligações entre economia e gestão da natureza

Quadro 15

Sectores económicos	Elementos da natureza	A natureza das ligações
1	2	3
Agricultura	Terra, solo, atmosfera, clima, vida vegetal	Utilização para fins de produção. Reprodução da fertilidade do solo através da aplicação de fertilizantes orgânicos e minerais
Indústria mineira	Subsolo, terra, paisagem	Utilização do subsolo para fins industriais, alteração da paisagem em operações mineiras a céu aberto

1	2	3
Setor da energia	Atmosfera, águas, terra	Utilização do ar atmosférico, da água, emissão de resíduos para a atmosfera, massas de água artificiais
Indústria química e petroquímica	Águas, atmosfera	Utilização dos recursos hídricos, ar atmosférico, emissão de resíduos para a atmosfera
Silvicultura, madeira, indústria de transformação da madeira	Floresta, água, solo	Reprodução das florestas, utilização das florestas como matérias-primas, alterações da flora e dos solos
Indústria do peixe	Águas, vida selvagem	Utilização dos recursos haliêuticos, massas de água, reprodução das unidades populacionais de peixes. Alterações na fauna
Transportes terrestres e aéreos	Atmosfera, terra	Utilização como área, ar atmosférico, emissão de resíduos para a atmosfera

Em termos de intensidade das inter-relações, ou mais precisamente, em termos de dependência da natureza, a agricultura ocupa o primeiro lugar. A natureza é, de facto, o principal fator e a condição mais importante da produção agrícola. O principal meio de produção na agricultura é a terra. Se o processo de produção da indústria, independentemente da fertilidade do solo, da qualidade da vegetação natural e de muitas outras propriedades inerentes à terra, então, na agricultura, o processo de trabalho e a criação de produtos estão relacionados precisamente com essas propriedades da terra, com o seu estado qualitativo, com a natureza da sua utilização. Qual é a qualidade da terra, qual é o seu nível de utilização, o rendimento e o volume dos produtos agrícolas dependem em grande medida disso.

A indústria extractiva ocupa o segundo lugar em intensidade em relação à economia ambiental e à sua dependência desta. Também ela, tal como a agricultura, lida com a substância da natureza e com a substância do seu mundo primordial. O objeto da sua atividade é a riqueza mineral. A interação da indústria extractiva com o subsolo e a superfície da terra tem relações não só diretas mas também inversas.

Atualmente, são utilizados no Quirguizistão cerca de 30 tipos de minerais de base dos 200 mais conhecidos.

A utilização dos recursos hídricos em grande escala nos processos de produção das empresas químicas provoca descargas, águas residuais e águas poluídas com várias substâncias químicas no meio aquático (tinturarias da fábrica de seda de Osh e da fábrica de produção de algodão).

No domínio da gestão ambiental, as medidas mais comuns até à data continuam a ser as medidas de responsabilidade administrativa combinadas com algumas medidas económicas (multas, advertências, proibições, encerramento temporário de empresas ou da produção, reembolso dos custos de utilização dos recursos e outros tipos de sanções económicas).

A economia da República do Quirguizistão está atualmente a atravessar uma crise profunda. Com a aquisição da soberania política, foram cortados amplos laços económicos internos e externos entre as repúblicas.

Devido à falta de matérias-primas e de elementos componentes da produção, a indústria do país tornou-se um ramo inviável da economia nacional. Foi adoptada uma estratégia de desnacionalização das instalações industriais e de introdução da propriedade privada. Está a ser seguida uma política anti-monopólio contra as grandes empresas industriais.

As organizações de construção foram interrompidas devido à incapacidade das entidades económicas de produzir materiais de construção com base em matérias-primas locais. Os investimentos de capital não têm fonte de formação. As instalações de produção e as organizações contratantes existentes revelaram-se desnecessárias e os volumes de encomendas de novas entidades económicas são infinitesimais, insignificantes, não estáticos, pelo que é possível ignorá-los.

Juntamente com o mecanismo económico de gestão dos recursos naturais, o suporte jurídico de uma gestão eficaz da natureza e, em primeiro lugar, a estrutura organizacional da gestão ambiental são de grande importância. Na República, as questões de gestão dos recursos naturais estão estreitamente interligadas e, por vezes, fazem parte integrante dos problemas de proteção da natureza. Desde a independência, o país tomou algumas medidas para adaptar a estrutura organizativa da gestão ambiental às necessidades do novo Estado. O Parlamento do Presidente, o Governo e as administrações locais são responsáveis pela proteção da natureza.

O Parlamento (Jogorku Kenesh) é responsável por: 1) definir a política ambiental; 2) elaborar e adotar leis e resoluções sobre questões relacionadas com a proteção da natureza; 3) aprovar as propostas do Governo sobre os limites das taxas de utilização dos recursos naturais e dos impostos. Durante o primeiro ano de independência, o Parlamento tinha a Comissão Jogorku Kenesh para a Ecologia, que contava com três membros permanentes. Devido a dificuldades financeiras, esta comissão foi fundida com a Comissão dos Assuntos Agrários, Alimentação e Ecologia, que era responsável pela coordenação de todas as alterações à legislação sobre questões ambientais e pela apresentação ao Parlamento de questões relativas à proteção da natureza. [1]No entanto, devido ao facto de a agricultura ser um sector-chave da economia do Quirguizistão, os problemas do sector agrícola dominaram o trabalho desta comissão, apesar de a subcomissão para as questões ambientais ser muito ativa.

No mesmo documento, é possível conhecer as responsabilidades de cada estrutura de gestão. Assim, o Presidente da República também se ocupa das questões ambientais. O Presidente tem as seguintes competências:
1) estabelecer um regime de utilização especial da natureza, 2) declarar e estabelecer os limites e o regime das zonas de emergência ecológica ou de catástrofe ecológica, 3) aprovar o procedimento para a constituição e utilização dos fundos de proteção da natureza. O Presidente também assina todas as leis adoptadas pelo Jogorku Kenesh, incluindo as leis relativas à proteção da natureza. Conduz negociações internacionais, assina tratados interestatais e submete-os ao Jogorku Kenesh para ratificação.

Quanto ao Governo da República, este e os seus numerosos ministérios e departamentos estão diretamente envolvidos nas questões de gestão da natureza. Atualmente, não existe um único ministério ou agência que não tenha abordado, direta ou indiretamente, questões relacionadas com a utilização da natureza e a proteção do ambiente nas suas actividades. No entanto, a principal unidade estrutural do Governo responsável pela política ambiental é o Ministério da Proteção do Ambiente, originalmente criado como Goskompriroda em 1988, como parte da tentativa do anterior Governo da União de reforçar as organizações ambientais, substituindo a Comissão Governamental para a Proteção da Natureza e conferindo-lhes o estatuto de ministério. Em conformidade com a lei sobre a proteção da natureza, o Governo da República do Quirguizistão emitiu a Resolução nº 71, de 16 de fevereiro de 1994, que define o estatuto desta agência no seio do Governo e as suas funções. No regulamento aprovado, são-lhe atribuídas, nomeadamente, as seguintes responsabilidades
1) implementação da gestão integrada das actividades de proteção ambiental em todos os sectores da economia nacional, 2) organização do desenvolvimento e aprovação de

normas, regras, regulamentos e instruções ambientais sobre a proteção da natureza, 3) desenvolvimento e apresentação ao Governo da República de propostas que garantam um impacto ativo nos processos de investimento relacionados com a gestão da natureza. De acordo com o regulamento, as actividades organizacionais do Ministério estão relacionadas com

1) criação de um banco de dados de informação ambiental sobre o estado, a utilização e a proteção dos recursos naturais, 2) contabilização das emissões, descargas de poluentes, efeitos nocivos para o ambiente, 3) estabelecimento de limites e normas de utilização da natureza, emissão de licenças para a utilização da natureza, 4) realização de peritagens ambientais estatais, 5) organização de actividades de reservas naturais, parques nacionais naturais.

As administrações estatais locais também desempenham um papel importante na gestão dos recursos naturais. Três departamentos territoriais de proteção do ambiente são responsáveis pela gestão ambiental em seis oblasts.

Assim, muitos organismos de gestão, tanto a nível republicano como regional, lidam com os problemas da gestão da natureza, em maior ou menor grau. A tarefa consiste em orientar todos os organismos de gestão e unidades económicas para o cumprimento qualitativo das disposições legislativas no domínio da utilização da natureza, por um lado, e, por outro, em assegurar uma resposta flexível desses mesmos organismos às relações de mercado.

Um outro problema da gestão ambiental é o desequilíbrio entre a autoridade e a responsabilidade na tomada de decisões por parte dos diferentes órgãos de gestão. O sistema de gestão continua a ser dominado principalmente por métodos administrativos de gestão, que são essencialmente de comando e controlo. Hoje em dia, os direitos das entidades económicas foram significativamente alargados e, consequentemente, as funções dos vários organismos de gestão no domínio da gestão da natureza também se diversificaram.

Entre os problemas de gestão, a atenuação dos impactos das catástrofes naturais no quadro da acessibilidade ocupa um lugar muito importante. Assim, todo o território da República está constantemente exposto ao impacto ativo de processos naturais que conduzem a catástrofes e a perdas humanas. Dos 70 tipos de cataclismos que ocorrem no mundo, 20 manifestam-se no Quirguizistão.

Todos os anos, são registados mais de 3000 sismos no Quirguizistão, dos quais ocorrem, em média, dez sismos fortes e, a cada 5-10 anos, ocorrem catástrofes sísmicas devastadoras; cerca de 38% das povoações estão localizadas em zonas de possíveis fontes de sismos com intensidade de 9 ou mais pontos. Por exemplo, nos últimos 100 anos, ocorreram 100 sismos fortes na cidade de Osh.

Outro elemento são os fluxos de lama e as inundações. As derrocadas e os deslizamentos de terras ocorrem frequentemente, em especial no sul do Quirguizistão, onde, em algumas zonas, a área afetada atinge 30-40 deslizamentos de terras por 1 quilómetro quadrado.

As geadas e as quedas de neve caem em vastas áreas de terras agrícolas 2 a 3 vezes por ano. De 1950 a 2014, foram registadas 72254 avalanches, tendo cada quinquagésima causado danos à economia nacional e matado muitas pessoas. Isto significa que o trabalho de investigação para identificar as áreas mais prováveis de deslizamentos de terras, fluxos de detritos, etc., bem como a deteção precoce de avalanches e avalanches. Isto significa que o trabalho de investigação para identificar as áreas mais prováveis de deslizamentos de terras, fluxos de lama, etc., bem como o aviso prévio da população e das entidades económicas, deve ser elevado à categoria das tarefas mais importantes na gestão dos recursos naturais.

Entretanto, os problemas de gestão ambiental são frequentemente reduzidos a uma interpretação restrita.

Em muitos casos, os problemas de gestão da natureza são entendidos como a proteção da água, do ar, do solo contra a poluição, etc. Sem dúvida que a proteção da água, do ar e do solo contra a poluição e a manutenção do equilíbrio ecológico, e simplesmente a proteção da natureza, são componentes da gestão ambiental. No entanto, a gestão ambiental não se limita apenas a estas componentes. A gestão do ambiente é a gestão dos seus recursos com o objetivo de assegurar a sua utilização racional, mantendo o equilíbrio ecológico. Como tal, o ambiente funciona como um ramo específico da economia nacional ou como uma meta-infraestrutura da produção social.

Uma vez que o problema da gestão ambiental está intimamente relacionado com a gestão da proteção do ambiente, devem distinguir-se dois lados destes processos inter-relacionados: a gestão através da organização da atividade económica e a gestão direta pelo objeto e pelo ambiente e utilização da natureza. No primeiro caso, está intimamente ligada à gestão geral da economia, no segundo caso, adquire o carácter de impacto intencional da sociedade em determinados objectos do ambiente e da utilização da natureza.

Os limites desse impacto são determinados, por um lado, pelo desenvolvimento da ciência e da tecnologia, pelo conhecimento das leis naturais da natureza, pelas relações de causa e efeito no ambiente e, por outro lado, pelas exigências decorrentes da necessidade de preservar e melhorar a gestão do ambiente e da natureza.

Por conseguinte, é necessário melhorar não só as formas organizativas da gestão da natureza, mas todo o complexo dos seus aspectos legislativos, regulamentares, informativos, económicos e educativos.

A especificidade da gestão da natureza no Sul do Quirguizistão é determinada pela densidade populacional relativamente elevada, pelas condições de desenvolvimento industrial e agrícola e pela diversidade das condições naturais. As actividades de proteção ambiental consistem em medidas para proteger o ar, a água, o subsolo, as terras, as florestas, a flora e a fauna e os monumentos naturais.

O Departamento de Proteção Ambiental de Osh-Jalal-Abad exerce um controlo direto sobre o estado do ambiente.

A proteção do ar atmosférico deve ser assegurada através da instalação de instalações de tratamento em empresas industriais, caldeiras e outras fontes de poluição do ar por veículos. O desenvolvimento do abastecimento centralizado de calor nas cidades e grandes aglomerações, a expansão das zonas verdes, a instalação de equipamento de diagnóstico nos veículos a motor e outras medidas contribuem para a melhoria das condições do ar atmosférico.

A proteção da água inclui medidas para o tratamento de águas residuais e a utilização para irrigação. [3]Centenas de instalações de tratamento operam na região, proporcionando o tratamento de 94,9 milhões de metros cúbicos de águas residuais (dos quais 62 milhões são normalmente limpos e os restantes são normalmente tratados).

A proteção do subsolo deve ser assegurada pela introdução de tecnologias de base científica que promovam uma extração mais completa e uma utilização integrada dos recursos minerais nos depósitos minerais em desenvolvimento.

As fábricas de tijolos em Sulukt, Kyzyl-Kiye, Osh, Kochkor-Ate e Myrza-Ake foram construídas com base na utilização de rochas de cobertura. No entanto, nem todas estão a funcionar normalmente.

A proteção dos recursos terrestres inclui medidas de recuperação de terras, rega, prevenção de processos de erosão, introdução de novos métodos de cultivo do solo que protegem o solo, criação de faixas florestais de proteção dos campos, plantações verdes de ravinas e ravinas.

A proteção das florestas da região é especialmente importante devido à sua singularidade e ao papel extremamente importante de proteção da água, proteção do solo e controlo da erosão no sopé e nas encostas das montanhas, onde se concentram os principais maciços de florestas de frutos silvestres e zimbro. As empresas florestais regionais e o Departamento de Florestas de Frutos Silvestres do Sul do Quirguizistão realizam um grande trabalho de proteção e recuperação das florestas.

A proteção da flora e da fauna inclui medidas de conservação e reprodução de plantas e animais. As mais eficazes são a criação de uma rede de zonas especialmente protegidas, a dispersão, a criação de viveiros de árvores, etc. O sul do Quirguizistão é habitado por espécies incluídas no "Livro Vermelho" da República: 52 espécies de animais e peixes, 43 espécies de plantas.

As zonas especialmente protegidas são criadas com o objetivo de preservar complexos naturais ou objectos de importância económica, científica, estética, cultural e educativa. No território da região, incluem: Reserva Estatal da Biosfera de Sary-

Chelek, reserva florestal de Osh, reserva de 5 ha no distrito de Alai, reserva de 30 ha de Ak-Bura no distrito de Nookat; reservas geológicas e monumentos naturais: Sulaiman-Too, cascata de Abshir-Ata, gruta de Chil-Ustun e outros.

O quadro jurídico da gestão ambiental na proteção do ambiente é extenso e diversificado. A Constituição da República define os direitos e obrigações dos cidadãos, funcionários, autoridades e organismos de gestão no domínio da utilização da natureza.

Nas actividades de gestão, são importantes a certificação ambiental, o racionamento e a limitação, o pagamento pela utilização de recursos naturais e pela poluição, o controlo ambiental, a libertação de produtos acabados e a eliminação de resíduos.

Simultaneamente, a passivação ambiental e o controlo ambiental não requerem grandes investimentos para a sua implementação. A execução atempada e de qualidade destes trabalhos contribuiria para: elaborar uma lista das empresas mais responsáveis pela poluição e definir prioridades para futuras actividades de regulamentação no sector industrial; realizar a chamada auditoria ambiental das empresas e elaborar um plano de ação ambiental a introduzir no plano de actividades da empresa; eliminar os resíduos industriais nocivos, etc.

Existem vários outros canais para melhorar o desempenho da gestão. Por exemplo, a manutenção preventiva, que é sempre mais barata e mais eficaz do que a correção das consequências de um acontecimento ocorrido. A introdução de tecnologias melhoradas e mais económicas, o tratamento dos resíduos, etc., são muito úteis neste contexto.

Por outro lado, a Inspeção Sanitária do Estado da República está preocupada com a deterioração contínua das obras de prevenção e de saneamento, que conduz a uma diminuição do nível de funcionamento das redes de esgotos e de abastecimento de água.

Em 1994, 145 das 1022 condutas de água encontravam-se em estado insatisfatório, incluindo 9 condutas municipais e 136 condutas departamentais. Não existiam zonas de proteção sanitária para fontes de água e estruturas de captação de água em 90 condutas de água e não existiam instalações de desinfeção em 63 condutas de água. A maior parte das condutas de água existentes foi construída há 40 anos ou mais e não foi objeto de qualquer revisão; cerca de 40% das redes estão desgastadas e devem ser substituídas e reconstruídas.[1]

Estas são algumas das medidas para melhorar o mecanismo económico e jurídico e intensificar as actividades de gestão no domínio da utilização dos recursos naturais.

Propomos o seguinte esquema de organismos de gestão ambiental da República do Quirguizistão.

Conclusão

O documento estuda os problemas da gestão da natureza, que envolve a regulação científica do impacto da sociedade na natureza, a preservação, a recuperação e a melhoria das condições naturais favoráveis da vida humana, o desenvolvimento da produção e da sua cultura. Esta questão, nas condições de transição para as relações de mercado, deve estar entre os problemas mais importantes do desenvolvimento socioeconómico e requer o desenvolvimento e a implementação de medidas destinadas à organização da produção, alcançando os melhores resultados com o menor custo de fundos e recursos naturais.

Com base nos resultados do estudo, podem ser feitas as seguintes conclusões e sugestões.

1. Os problemas de gestão dos recursos naturais adquirem atualmente uma importância especial. Isto deve-se ao facto de os recursos naturais criarem, por um lado, a própria possibilidade da atividade humana e, por outro, terem um impacto profundo em todos os aspectos da vida social, do progresso económico e técnico.

A peculiaridade das últimas décadas é que as consequências negativas do progresso na gestão da natureza estão a aumentar. Nos próximos tempos, para garantir o crescimento económico, é necessário concentrar os recursos na execução dos programas nacionais mais importantes, encontrar formas de os utilizar racionalmente, reforçar o regime de economia, introduzir mecanismos de mercado para a gestão dos recursos naturais nacionais. Isto é necessário para resolver os problemas sociais, melhorar o nível de vida da população e, acima de tudo, proteger a saúde do indivíduo.

2. A gestão da natureza ocupa um lugar importante no sistema de gestão da economia nacional. Foi estabelecido que a base da gestão dos recursos naturais é a sua utilização racional e o complexo das relações da sociedade com a natureza, incluindo a preservação, restauração e multiplicação dos recursos naturais renováveis, a criação de medidas de proteção ambiental de mecanismo económico e jurídico, a coordenação das relações entre os organismos de proteção ambiental, numerosas empresas industriais, agrícolas e outras e o Estado. A melhoria da gestão dos recursos naturais implica o desenvolvimento e a aplicação de medidas económicas, de gestão e legislativas agregadas que visem uma organização mais adequada dos processos de produção, uma utilização racional e integrada dos recursos, incluindo no contexto regional.

3. A investigação clarificou e sistematizou os principais critérios e princípios da gestão dos recursos naturais. O principal critério de gestão dos recursos naturais é a proteção da saúde humana, que deve ser consagrada nos actos legislativos relativos à utilização dos recursos naturais e à proteção do ambiente.

O próximo critério de gestão dos recursos é o crescimento e o desenvolvimento socioeconómico. Este critério é importante para o Quirguizistão, dada a necessidade de melhorar o nível de vida da população e de reduzir a pobreza.

Outro critério importante para a gestão dos recursos naturais é o impacto das decisões de gestão na introdução de relações de mercado. No período de transição, a avaliação das decisões de gestão em relação a este indicador deve ser intensificada.

Os critérios importantes para a gestão dos recursos incluem a avaliação da eficiência da substituição de recursos primários por resíduos, bem como o desenvolvimento da capacidade dos recursos humanos e o aumento da sua responsabilidade cívica e administrativa.

4. Para melhorar a capacidade de gestão, é necessário avaliar os recursos naturais. É necessário estabelecer mecanismos de contabilidade dos recursos, de informação ambiental e de gestão ambiental.

No que diz respeito ao Sul da República, deve dizer-se que a maior parte do território é ocupada por montanhas, enquanto as planícies representam apenas 7% da área total e são caracterizadas por um clima seco e quente, com uma elevada taxa de poeira no ar. A densidade populacional média é de 28 pessoas por quilómetro quadrado. No entanto, a região é povoada de forma muito desigual. Montanhas, florestas, reservatórios, rios de montanha e lagos de montanha, minerais e outros, constituem a base dos recursos naturais.

A análise mostrou que muitos recursos envolvidos nas actividades económicas são utilizados em detrimento do ambiente e que as actividades de produção são frequentemente acompanhadas de violações dos requisitos ambientais. Por exemplo, a produção de antimónio e seus compostos, bem como de mercúrio, ocorre com uma grave poluição atmosférica. O consumo de carvão em grande escala também resulta num aumento das emissões de poeiras e de gases para a atmosfera.

A avaliação demonstrou que o território do Sul é rico em depósitos de recursos minerais. No entanto, atualmente, estes são insuficientemente estudados e explorados. Por conseguinte, é necessário efetuar uma exploração exaustiva dos depósitos.

5. No sistema de controlabilidade do uso da natureza, um lugar importante é ocupado pelo uso da terra, que é a base material inicial para o bem-estar da sociedade, a base espacial para a localização das forças produtivas, a base para o curso normal dos processos de reprodução de todos os factores de crescimento económico.

O estudo demonstrou que os recursos terrestres são utilizados de forma muito irracional e, em muitos aspectos, ineficaz. Apesar dos apelos à intensificação do movimento a favor de medidas de proteção ambiental, a situação ambiental deteriorou-se, em geral, no período pós-soviético. Devido à falta de fundos, muitas medidas de proteção ambiental destinadas a melhorar a utilização dos recursos terrestres não são aplicadas, a descarga de águas poluídas aumenta de ano para ano, a quantidade de resíduos aumenta e as medidas destinadas a melhorar a fertilidade dos solos, a luta contra a erosão e a deterioração do coberto vegetal são executadas de forma insatisfatória. Tudo isto afecta não só o estado da economia agrária, mas também os indicadores de toda a economia nacional.

Existem grandes problemas na utilização dos recursos hídricos, especialmente no seu consumo como água potável. Várias cidades e povoações utilizam água contaminada como água potável. A situação é agravada pelo facto de a eficácia dos meios biológicos para a neutralização das águas residuais não ser sistematicamente avaliada na região. A utilização dos recursos biológicos é também desfavorável devido à degradação dos habitats. Tudo isto exige a adoção de uma utilização racional dos recursos naturais.

6. A regulação estatal é importante na gestão dos recursos naturais nacionais. As funções económicas e reguladoras do Estado são diversas. Na utilização dos recursos naturais, estão principalmente relacionadas com a criação de um quadro jurídico, a proteção e conservação do ambiente e a atividade económica externa.

A regulação estatal da utilização dos recursos é feita de várias formas: distribuição, elaboração de documentos normativos e disposições legais, estabelecimento de sanções económicas, adoção de decisões de gestão, controlo, etc. No entanto, os estudos mostram que existem muitos problemas de natureza legislativa, normativa, organizacional e de gestão na República. De ano para ano, por exemplo, o acompanhamento e o controlo da utilização dos recursos estão a deteriorar-se devido a um declínio acentuado das fontes de financiamento. É urgente adotar leis sobre a natureza, a água, a terra, etc.

7. Entre as formas mais importantes de melhorar a gestão dos recursos naturais nacionais estão as medidas para aumentar o nível de vida e melhorar a saúde humana. Atualmente, de acordo com as estatísticas oficiais, 91,8 por cento da população da República tem rendimentos abaixo do consumo mínimo e, por conseguinte, abaixo do limiar de pobreza. Ao mesmo tempo, mais de 70 por cento da população tem um rendimento inferior a 175 soms por mês, constituindo o estrato dos extremamente pobres.

As principais formas de melhorar os padrões de vida e os rendimentos da população relacionados com a utilização dos recursos naturais são:

- Melhorar a utilização dos recursos da terra seguindo práticas agroquímicas, aplicando doses suficientes de fertilizantes, adoptando tecnologias avançadas, conservando o solo, melhorando as práticas de irrigação, aumentando a fertilidade do solo, etc;

- a aplicação bem sucedida da reforma agrária e fundiária na República e nas regiões;

- desenvolvimento dos princípios básicos do mecanismo de mercado da gestão económica e sua aplicação;

- Melhoria da utilização dos recursos florestais;

- desenvolvimento do turismo, nomeadamente do turismo ecológico;

- Uma política industrial forte que preveja o desenvolvimento e a utilização integrada dos recursos naturais.

Como forma de melhorar a saúde da população, o documento fundamenta as medidas relativas aos cuidados de saúde ambientais, que numa economia de mercado podem ser desenvolvidas tanto através do apoio e financiamento do Estado como da prática médica privada. Estas medidas devem prever a eliminação máxima da influência de substâncias naturais nocivas, bem como de água com bactérias e vírus. A recolha e o tratamento atempados de informações sobre a morbilidade da população, com vista à adoção de medidas específicas, também desempenham um papel positivo na proteção da saúde humana.

8. A melhoria da gestão dos recursos naturais inclui medidas destinadas a reforçar a proteção do ambiente, cuja essência consiste em assegurar, através de uma regulação cientificamente fundamentada do impacto da sociedade sobre a natureza, a preservação, o restabelecimento e, se necessário, a melhoria das condições favoráveis à vida humana, à produção e ao desenvolvimento cultural. Os problemas de proteção do ambiente estão em grande parte relacionados com o trabalho das empresas industriais e das explorações agrícolas. Uma das formas de influenciar positivamente o trabalho destas empresas é a aplicação rigorosa das disposições legislativas no domínio da proteção do ambiente. Nos próximos tempos, é necessário conseguir uma utilização racional dos recursos hídricos e a preservação da limpeza das massas de água naturais, bem como o pagamento pela utilização dos recursos naturais.

A tarefa de prevenir e eliminar as consequências das catástrofes naturais: deslocações gravitacionais, inundações de lama, terramotos é bastante peculiar. Isto requer a adoção de medidas complexas de engenharia e económicas. O problema da propaganda e da educação ambiental também faz parte das medidas para melhorar a capacidade de gestão da natureza.

Uma das medidas práticas de proteção ambiental é a aplicação das medidas do Plano Nacional sobre este problema (PNPE), adotado pelo Governo da República em 1994 com a assistência ativa do Banco Mundial. Ao mesmo tempo, a análise mostrou que o prazo para a aplicação do PNEA termina em 1997, mas ainda não se começou a trabalhar em muitos aspectos do plano.

9. O trabalho dos organismos de gestão ambiental deve ser significativamente melhorado. A tarefa consiste em orientar todas as autoridades e entidades económicas para o cumprimento qualitativo das disposições legislativas no domínio da gestão da natureza, por um lado, e em assegurar uma resposta flexível desses mesmos organismos às relações de mercado, por outro.

Há ainda um trabalho significativo a fazer na criação de um mecanismo económico para a gestão dos recursos naturais. Se o método de influência administrativa e jurídica se baseia nas relações de poder e de subordinação, o mecanismo económico baseia-se no interesse material do executor em atingir o objetivo real. As recomendações neste caso dizem respeito às questões da criação de um fundo ambiental, do pagamento dos recursos, das multas e sanções por infracções ambientais, da fiscalidade e do financiamento.

A especificidade da gestão da natureza no sul do Quirguizistão é determinada pela densidade populacional relativamente elevada, pelas condições de desenvolvimento industrial e agrícola e pela diversidade das condições naturais. A este respeito, a passivação ambiental e o controlo ambiental são de grande importância. A importância do trabalho preventivo nas actividades de proteção ambiental, a proteção do ar atmosférico, da água, do subsolo, das terras, das florestas, da fauna e da flora é extremamente elevada. A análise mostra que a estrutura das actividades de proteção do ambiente na República do Quirguizistão é bastante complexa, diversificada, multidepartamental e não tem uma natureza departamental ou territorial pronunciada, além de não satisfazer, em muitos aspectos, os requisitos do novo mecanismo económico numa economia de mercado.

O atual Ministério da Proteção do Ambiente ocupa-se de uma gama muito restrita de questões, em parte como a aplicação de multas aos responsáveis pela poluição ambiental. A Agência Estatal para a Geologia e os Recursos Minerais controla o subsolo propriamente dito, a terra - a Inspeção Fundiária, a água - a Inspeção Sanitária e Epidemiológica. Existem também vários tipos de inspecções da pesca e da caça, estações meteorológicas, sísmicas e outras. A proteção dos animais e das plantas também não é específica. As medidas contra os riscos geológicos são geridas pelo Ministério das Situações de Emergência, sem que exista um mecanismo de contra-ação que satisfaça as exigências da lei da unidade dos contrários.

Consequentemente, os problemas ambientais importantes no Quirguizistão permanecem fora da vista do Estado e do seu governo. A este respeito, é necessário desenvolver um programa nacional de gestão dos recursos naturais, com actos legislativos adequados que prevejam mecanismos jurídicos e económicos, e criar um Ministério da Ecologia, que possa coordenar o trabalho de proteção ambiental e exercer controlo sobre o trabalho de utilização racional dos recursos naturais.

LISTA DE REFERÊNCIAS

1. Aganbegyan A.G. Scientific and technological progress and acceleration of socio-economic development. Moscovo, Economics, 1985.
2. Arbatov A.A. Em defesa dos recursos naturais do planeta. M., Znanie, 1985.
3. Abramov S.P., Zaleskiy F.V. Engineering surveys in construction. M., Stroyizdat, 1982.
4. Ananyev V.P., Korobkin V.I. Geologia de Engenharia. M., 1973.

5. Aleksandrovskaya Z.I. Blagodrustvo Gorodstvo. M., Stroyizdat, 1984.

6. Aral: das palavras aos actos. Materiais da Declaração de Nukus sobre o desenvolvimento da bacia do Mar de Aral, 18-20 de setembro de 1985.

7. Nova política agrária. Discurso do Presidente da República do Quirguistão na reunião solene dedicada ao Dia dos Trabalhadores da Agricultura e da Alimentação. Slovo Kyrgyzstana, 9 de novembro de 1995.

Akaev A.A. Sobre a estratégia de desenvolvimento socioeconómico da República do Quirguistão e acções urgentes. Bishkek, 1993.

8. Assakunov B.T. Decorative cements and concretes from local raw materials. Bishkek, Instituto de Investigação Científica do Quirguistão, 1991.

9. Botolov NA, Mitroshin K.P., Shaposhnikov A.K. Proteção e utilização dos recursos biológicos na URSS. M., Znanie, 1970.

10. Baibosunov A. Representação pré-científica dos quirguizes sobre a natureza. Sob a direção geral do Doutor em Filosofia Narynbaev A.I. Frunze, Mektep, 1990

11. Belov S.V., Barbinov F.A.. Koziakov A.F. et al. Proteção do ambiente. Moscovo, Escola Superior, 1983.

12. Berdyaev N. Entrada da máquina "A Natureza e o Homem", 1989, n.º 8.

13. Balatsky O.F., Ermolenko B.A., Zaitsev V.A. et al. Produção sem resíduos: economia, tecnologia, gestão (Resultados de ciência e tecnologia).

T. 17, M., VINITI, 1987.

14. Biosfera, seu presente, passado e futuro. M., Prosveshchenie, 1976.

15. Belyaikin K.M. Energia barata, subprodutos, ar limpo. "Química e Vida", n.º 9, 1986.

16. Brylov S.A., Strodki K. Proteção ambiental. Livro de texto para estudantes de especialidades mineiras e geológicas de universidades. Moscovo, Escola Superior, 1985.

17. Bystrakov Y.I., Kolosov A.V. Economia e ecologia. M., Agropromiz-dats, 1988.

18. Bekker A.A., Agaev T.B. Proteção e controlo da poluição do ambiente natural. L., Gidrometeoizdat, 1989.

19. Besserer D. On the inefficiency of the tourism support system in Kyrgyzstan (Sobre a ineficácia do sistema de apoio ao turismo no Quirguizistão). Slovo Kyrgyzstana, 5 de outubro de 1995.

20. Vladimirov A.M., Lyakhin Y.I., Matveev L.T., Orlov V.T. Proteção ambiental. Livro de texto para estudantes de estabelecimentos de ensino superior. L., Gidrometizdat, 1991.

21. Gilbert White. Geografia, recursos e ambiente. Artigos selecionados. Moscovo, Progress, 1980.

22. Golubev I.R., Novikov Y.V. Environment and transport. Moscovo, Transportes, 1987.

23. Gromov B.V., Zaitsev V.A. et al. Produção industrial sem resíduos. Princípios básicos da produção sem resíduos. "Os resultados da ciência e da tecnologia". T.9.M., 1981.

24. Gladkiy I.I. Fator humano do desenvolvimento. M., Economia, 1986.

25. Grigoriev N. De que tipo de mercado precisamos? Slovo Kyrgyzstana, 2 de novembro de 1995.

26. GOST 17.5.1.02-85. Proteção da natureza. Terrenos. Classificação de terrenos afectados para recuperação. M., Editora de Normas, 1985.

27. GOST 17.4.3.02-85. Proteção da natureza. Solos, Requisitos para a proteção da camada natural do solo durante os trabalhos de terraplanagem. M., Editora de Normas, 1985.

28. GOST 17.2.1.-04-77. Proteção da natureza. Atmosfera. Fontes e factores meteorológicos de poluição. Emissões industriais. M., Editora Standards, 1984.

29. GOST 17.2.4.05-83. Atmosfera. Método Nravimétrico para determinação de partículas de poeira em suspensão. M., Standards Publishing House, 1984.

30. GOST 171.3.11-84. Proteção da natureza. Hidrosfera. Requisitos gerais para a proteção das águas superficiais e subterrâneas contra a poluição por fertilizantes minerais. M., Standards Publishing House, 1984.

31. GOST 17.1.3.10-83. Hidrosfera. Requisitos gerais para a proteção das águas superficiais e subterrâneas contra a poluição por petróleo e produtos petrolíferos durante o transporte por oleoduto. M., Standards Publishing House, 1985.

32. GOST 17.5.1.01-83. Proteção da natureza. Recuperação de terras. Termos e definições. M., Editora de Normas, 1984.

33. GOST 17.6.01-83. Proteção da natureza. Proteção e defesa das florestas. Termos e definições. M., Editora Normas, 1984.

34. Davydov I.A. O trunfo da nossa economia. Slovo Kyrgyzstana,
    31 de agosto de 1995.

35. Dolgorev A.V. Recursos de matérias-primas secundárias na produção de materiais de construção. M., Stroyizdat, 1990.

36. Terra, ecologia, nova fase da perestroika e literatura. Materiais do Plenário da Direção da União dos Escritores da URSS, 17-19 de janeiro de 1989. Literaturnaya gazeta, 25 de janeiro de 1989.

37. Legislação sobre a reestruturação radical da gestão económica. Moscovo, Yuridicheskaya Literatura, 1988.

38. Ibraimov S.I. Osh oblast of Kyrgyzstan. Frunze, Quirguizistão, 1979.

39. Kafarov V.V. Princípios de criação de produções químicas sem resíduos. M., 1982.

40. Kirpatovsky Ch.P. Proteção da Natureza. Livro de referência para trabalhadores da indústria de refinação de petróleo e petroquímica. Moscovo, Khimiya, 1980.

41. Kogan E.I., Haikin V.A. Proteção do trabalho nas empresas de transporte automóvel. M., Transportes, 1984.

42. Programa global de progresso científico e técnico da RSS do Quirguizistão para 1991-2010. Frunze, 1988.

43. Kondratyev A.I., Mestechina N.I. Proteção do trabalho na construção. Moscovo, Escola Superior, 1990.

44. Kuzminov LA., Shvalev L.N. Avaliação económica do trabalho de proteção do trabalho na construção. M., Stroyizdat, 1982.

45. Lebedinsky Y.P., Sklyansky Y.V., Popov P.I. Resource saving and ecology. Kiev, 1990.

46. Livchak I.F., Voronov Y.V. Proteção ambiental. M., Stroyizdat, 1988.

47. Liikevich V.K. Habitação e Clima. M., Stroyizdat, 1980.

48. Lemeshev M. Economia e ecologia: o conflito fatal e as formas da sua resolução. "Voprosy ekonomiki", № 11,1990.

49. Markovich D.J. Social Ecology. Um livro para professores. Tradução do servo-croata. Moscovo, Prosveshchenie, 1991.

50. Melnikov N.I., Volokov A.I., Korotkova D.A. Pesticidas *e* Ambiente. M., 1977.

51. Mikheev A.V. et al. Proteção da Natureza. Moscovo, Prosveshchenie, 1987.

52. Mitikeev K.M. Problemas de proteção ambiental à luz das decisões do XXVI Congresso do PCUS (sobre os materiais do Sul do Quirguizistão). Osh, departamento. "Znanie", 1981.

53. Mochalov I.P., Rodziller I.D., Zhuk E.G. Purificação e desinfeção de águas residuais de pequenas povoações (em condições do extremo Norte). L., Stroyizdat, Secção de Leningrado, 1991.

54. Murashko A.I., Stelmashok E.A., Zhalko V.V. et al. Conservação de solos. Minsk, 1989.

55. Musakozhoev Sh. Kyrgyz Republicsynyn ekonomiki. Bishkek, 1997.

56. Myakinnikov V.I., Sultanov A. A ecologia e a cidade: a harmonia é possível. г. Osh, Caminho de Lenine, 6 de novembro de 1986.

57. Marx K., Engels F. Op. 23.

58. Nikitin D.P., Novikov Y.V. Environment and Man. Moscovo, Escola Superior, 1986.

59. Novikov Y.V. Natureza e Homem. M., 1991.

60. Sobre a proteção do ar atmosférico. Lei da URSS, Coleção de Documentos do Partido e do Governo 117-1981. "Sobre a proteção do ambiente". Moscovo, Politizdat, 1981.

61. Proteção do ambiente. Editado por Belov S.V. Livro de texto para universidades. Moscovo, Escola Superior, 1991.

62. Do plano ao mercado. Relatório sobre o Desenvolvimento Mundial - 1996. Banco

Internacional para a Reconstrução e o Desenvolvimento (Banco Mundial, 1996. 1818 H Street, N.W., Washington, D.C. 20433, U.S.A.

63. Região de Osh. Enciclopédia. Redator-chefe Oruzbayeva B.O. Frunze, 1987.

64. Sobre a proteção do ambiente. Compilado por. Galeev A.M.. Kurok M.L. Coleção de documentos do Partido e do Governo. Moscovo, Izd. de literatura política, 1979.

65. Sobre a eliminação dos distúrbios por deficiência de iodo entre a população da República do Quirguizistão. Materiais da Resolução da República do Quirguizistão de 23 de setembro de 1995.

66. Pasechnik S.T. Natureza, Homem, Direito. Frunze, Quirguizistão, 1986.

67. Petunii V.A. Cidades e aldeias - ambiente limpo. Frunze, Quirguizistão, 1990.

68. PertsikN.A. Human Environment, Foreseeable Future (Ambiente Humano, Futuro Previsível). M., Mysl, 1990.

69. Pikhota N.A., Soloshenko I.I., Zakirov Sh.S., Banogin S.N. Problems of rational utilisation of mineral and raw material resources of the South of Kyrgyzstan. Osh, 1994.

70. Plyshevky B.P. Poupar significa multiplicar. M., Znanie, 1986.

71. Confrontar os elementos com o mundo inteiro. Materiais da XIV sessão do Jogorku Kenesh da República do Quirguizistão. Slovo Kyrgyzstana, 13 de abril de 1994.

72. Prodan E.I. Quirguizistão - ainda não é um paraíso para os turistas? Echo of Osh, 2 de setembro de 1995.

73. Pletnev N. Como é que a saúde dos rios é doméstica? Echo de Osh, 1 de fevereiro de 1996.

74. Popov G.H. Problemas da teoria da gestão. M., Economia, 1970.

75. Reimers N.F. O ABC da Natureza. Micro-enciclopédia da biosfera. M., Znanie, 1980.

76. Remezov N.P., Makarov V.T. Ciência do solo com os fundamentos da agricultura. M., 1963.

77. Rogalsky V.P. Os geólogos na encruzilhada. Echo de Osh, 26 de outubro de 1991

78. Rumyantsev A.M. Economia da Natureza. Natureza, 1977, nº 1.

79. Rybiev I.A. et al. Curso geral de materiais de construção. Moscovo, Escola Superior, 1987.

80. Stavinsky V., Gorodnyansky I. As riquezas do subsolo do Quirguizistão. "Bens em stock". "Svobodnye gory", 25 de março de 1994.

81. Sidorenko R. A Terra não tolera o vazio. Slovo Kyrgyzstana, 28 de outubro de 1995.

82. Satybekov E. O Elemento. Processo n.º ...., 31 de janeiro de 1996.

83. Dicionário de palavras estrangeiras. Editado por Lekhin I.V. e Petrov F.N. M., Izd. innatsslovarei, 1949.

84. Savchenko A.P. Recursos secundários e produção sem resíduos. M., Znanie, 1986.

85. Smyan N.I., Kudlo K.K., Solovei I.N. Zakazanstvo o zapovedeniya o soils. Minsk, 1984.

86. Redução do ruído em edifícios e zonas residenciais. Editado por G.L. Osipov. e Yudin EL. M., Stroyizdat, 1987.

87. Sokolov A.A. Water: problems at the turn of the XXI century. L., Gidrometeoizdat, 1986.

88. Livro de referência sobre geologia de engenharia. Rev. ed. Churinov. M., 1981.

89. Suerkulov E., Gareeva A. Current state of ecology of Kyrgyzstan. Bishkek, 1997.

90. Tazhibaev A., Abylov S. Tushtuk Kyrgyzstandyn ecologiyasy. 0,1992.

91. Usubaliev T.U. Como dividir a alma dos povos por fronteiras? Carta aberta aos Presidentes das Repúblicas do Uzbequistão, do Cazaquistão e do Quirguizistão. Slovo Kyrgyzstana, 31 de outubro de 1995.

92. Ustiyan I. Princípio ecológico-económico do funcionamento da agrosfera. Revista "Planning economy", n.º 12, 1990. - c. 93.

93. Fedorov V.M. Biosfera, Agricultura, Humanidade. M., Agropromizdat, 1990

94. Fratanov G.S. Geologia e natureza viva. L., Nedra, 1982.

95. Dicionário filosófico. Editado por Rosenthal M.M. M., Politizdat, 1975.

96. Dicionário Filosófico. Editado por Frolov I.T., M., Politizdat, 1987.

97. O homem e os elementos. Coleção hidrometeorológica de ciência popular. Editado por Ugryumov, Kondratov A.M. M., Gidrometeoizdat, 1990.

98. Dicionário enciclopédico de termos de geografia física em quatro línguas. Editado por Spiridonov A.I. M., Enciclopédia Social, 1980.

99. Economia da gestão da natureza. Editado por Khachaturov T.S. Textbook for students of economic specialities of universities. Moscovo, Universidade Estatal de Moscovo, 1991.

100. Dicionário Enciclopédico Agrícola - Livro de Referência. M., 1959.

101. Ekholm E. Ambiente e saúde humana. M., Progress, 1980.

102. Energia Ambiental e Projeto de Construção. Traduzido do inglês por Ivanova G.A. Editado por Bogoslovsky V.N., M., Stroyizdat, 1983.

103. Yusupov T. Para não ficar com os "aryks indígenas". Slovo Kyrgyzstana, 16 de novembro de 1995.

104. Yagodin G.A., Tretyakova L.G. Tecnologia química e proteção ambiental. M., Znanie, 1984.

105. Yakovlev S.V., Prozorov I.V. Utilização racional dos recursos hídricos. Livro didático para universidades. Moscovo, Escola Superior, 1991.

106. Relatório Nacional de Desenvolvimento Humano da República do Quirguizistão para 1996. Bishkek, 1977.

Printed by Books on Demand GmbH, Norderstedt / Germany